RINGS

환

송영권 지음

KM 경문사

머리말

이 책을 집필하게 된 동기는 학생들이 현대대수학의 기초개념인 환(ring)에 대한 개념들, 즉 부분환, 정역, 표수, 아이디얼, 잉여환, 준동형사상, 동형사상, 다항식환, 유일인수분해정역, 주아이디얼정역, 유클리드정역 등의 내용을 좀 더 쉽고 체계적으로 이해할 수 있도록 도와주기 위해서입니다.

특별히 학생들이 이해하기 힘들어 하는 개념 및 정리의 증명을 최대한 자세하게 설명하였고 다양한 예제를 활용하여 정의 및 정리를 쉽게 이해할 수 있도록 하였습니다. 또한 학생들이 반드시 이해할 필요가 있다고 생각되는 개념들에 대한 문제들로 연습문제를 구성하고 학생들의 이해도를 극대화하기 위해서 학생들 입장에서 최대한 자세하게 연습문제 풀이를 첨가하였습니다.

이 책으로 환에 대한 이론을 학습하는 학생들이 이 책을 보관하고 싶은 마음이 들기를 바랍니다.

이 책이 출판되기까지 세심하게 신경 써주신 경문사 직원분들께 진심으로 감사드립니다.

2022년 8월 31일

저자

수학을 공부하지 않은

사람들 대부분에게는

믿기지 않게 보이는 일들이 있다.

– 아르키메데스 –

차 례

■ 수 집합 기호 vi

제1장 환(Rings) 1

제2장 정역(Integral domains) 27

제3장 아이디얼(Ideals) 47

제4장 잉여환(Quotient rings) 77

제5장 환준동형사상(Ring homomorphisms) 89

제6장 다항식환(Polynomial rings) 131

제7장 유일인수분해정역(Unique factorization domains) 167

■ 연습문제 풀이 185

■ 참고 문헌 221

■ 찾아보기 222

수 집합 기호

이 책에서는 수 집합과 관련해서 다음과 같은 기호를 사용하기로 한다.

$\mathbb{N}$: 모든 자연수들의 집합.

$\mathbb{Z}$: 모든 정수들의 집합.

$\mathbb{Q}$: 모든 유리수들의 집합.

$\mathbb{R}$: 모든 실수들의 집합.

$\mathbb{C}$: 모든 복소수들의 집합.

$\mathbb{Z}^* = \mathbb{Z} - \{0\}$,

$\mathbb{Q}^* = \mathbb{Q} - \{0\}$,

$\mathbb{R}^* = \mathbb{R} - \{0\}$,

$\mathbb{C}^* = \mathbb{C} - \{0\}$

CHAPTER

1

환
(Rings)

이 장에서는 군과 환의 정의를 살펴보고 군과 환의 차이를 비교해본다. 또한 다양한 예제들을 활용하여 환의 구조를 이해한다.

정의

집합 G에서 정의된 연산 $\circ$에 대하여 다음 조건을 모두 만족시키면 집합 G를 **군(group)**이라고 한다.

(1) (결합법칙) 임의의 원소 $a,b,c \in G$에 대하여

$$a \circ (b \circ c) = (a \circ b) \circ c$$

(2) (항등원의 존재) 적당한 원소 $x \in G$가 존재하여 모든 원소 $a \in G$에 대하여

$$a \circ x = a = x \circ a$$

이때 x를 **항등원(identity)**이라고 하고 e 또는 e_G로 나타낸다.

(3) (역원의 존재) 각각의 원소 $a \in G$에 대하여

$$a \circ y = e = y \circ a$$

를 만족시키는 원소 $y \in G$가 존재한다.
이때 원소 y를 원소 a의 **역원(inverse)**이라고 하고 a^{-1}로 나타낸다.

또한 군 G가 다음 조건을 만족시키면 G을 **아벨군(abelian group)**이라고 한다.

(4) (교환법칙) 임의의 원소 $a,b \in G$에 대하여

$$a \circ b = b \circ a$$

참고 군 G를 표현할 때 G에서 정의된 연산을 나타낼 필요가 있는 경우에는 $(G, \circ)$로 표현하기도 한다.

예제 집합 $\mathbb{Z}$, $\mathbb{Q}$, $\mathbb{R}$, $\mathbb{C}$는 모두 덧셈연산에 대하여 아벨군이다.

예제 집합 $\mathbb{Q}^*$, $\mathbb{R}^*$, $\mathbb{C}^*$는 모두 곱셈연산에 대하여 아벨군이다.

정의

집합 R에 두 연산 $+$과 $\cdot$ (덧셈과 곱셈)이 정의되고 R이 다음 조건을 모두 만족시키면 R을 **환(ring)**이라고 한다.

(1) (덧셈에 대한 결합법칙) 임의의 원소 $a,b,c \in R$에 대하여

$$a+(b+c)=(a+b)+c$$

(2) (덧셈에 대한 항등원의 존재) 적당한 원소 $x \in R$가 존재하여 모든 원소 $a \in R$에 대하여

$$a+x=a=x+a$$

이때 x를 덧셈에 대한 **항등원(identity)**이라고 하고 0 또는 0_R로 나타낸다.

(3) (덧셈에 대한 역원의 존재) 각각의 원소 $a \in R$에 대하여

$$a+y=0=y+a$$

를 만족시키는 원소 $y \in R$가 존재한다.

이때 y를 a의 덧셈에 대한 **역원(inverse)**이라고 하고 $-a$로 나타낸다.

(4) (덧셈에 대한 교환법칙) 임의의 원소 $a,b \in R$에 대하여

$$a+b=b+a$$

(5) (곱셈에 대한 결합법칙) 임의의 원소 $a,b,c \in R$에 대하여

$$a \cdot (b \cdot c)=(a \cdot b) \cdot c$$

(6) (배분법칙) 임의의 원소 $a,b,c \in R$에 대하여

$$a \cdot (b+c)=a \cdot b+a \cdot c, \qquad (a+b) \cdot c=a \cdot c+b \cdot c$$

참고 1. 환 R을 표현할 때 연산을 나타낼 필요가 있을 경우에는 $(R, +, \cdot)$로 표현하기도 한다.

2. 환을 표현할 때는 일반적으로 영문자 대문자 R을 사용한다.

3. 두 원소 a와 b에 대하여 $a \cdot b$ 대신에 ab로 나타내기도 한다.

4. 집합 R이 덧셈에 대하여 Abel군이고 조건 (5), (6)을 만족시키면 R은 환이다. 따라서 환 R은 덧셈연산에 대하여 Abel군의 구조를 갖고 있다.

예제 집합 $\mathbb{Z}$, $\mathbb{Q}$, $\mathbb{R}$, $\mathbb{C}$는 모두 덧셈연산과 곱셈연산에 대하여 환이다.

예제 집합 $5\mathbb{Z}$는 덧셈연산과 곱셈연산에 대하여 환이다.

예제 $\mathbb{R}^n = \{(a_1, a_2, \cdots, a_n) \mid a_i \in \mathbb{R},\ i = 1, 2, \cdots, n\}$은 다음에 주어진 덧셈연산과 곱셈연산에 대하여 환이다.

$$(a_1, a_2, \cdots, a_n) + (b_1, b_2, \cdots, b_n) = (a_1 + b_1, a_2 + b_2, \cdots, a_n + b_n)$$
$$(a_1, a_2, \cdots, a_n)(b_1, b_2, \cdots, b_n) = (a_1 b_1, a_2 b_2, \cdots, a_n b_n)$$
$$(a_i, b_i \in \mathbb{R},\quad i = 1, 2, \cdots, n)$$

예제 체 F에 속하는 원소를 성분으로 갖는 $n \times n$행렬들의 집합 $M_{n \times n}(F)$는 행렬의 덧셈연산과 곱셈연산에 대하여 환이다.

예제 집합 $\mathbb{Z}_n = \{0, 1, 2, \cdots, n-1\}$는 n을 법으로 하는 덧셈연산과 곱셈연산에 대하여 환이다.

예제 소수 p에 대하여 집합 $\mathbb{Z}_p - \{0\} = \{1, 2, \cdots, p-1\}$는 p를 법으로 하는 덧셈연산에 대한 항등원을 갖지 않으므로 p를 법으로 하는 덧셈연산과 곱셈연산에 대하여 환이 될 수 없다.

예제 집합 $R = \{f \mid f : \mathbb{R} \to \mathbb{R}$ 는 연속함수이다$\}$은 다음에 주어진 함수의 덧셈연산과 곱셈연산에 대하여 환이다.

$$(f+g)(a) = f(a) + g(a)$$
$$(fg)(a) = f(a)g(a) \qquad (f, g \in R,\quad a \in \mathbb{R})$$

예제 환 R_1과 R_2에 대하여 집합 $R_1 \times R_2 = \{(a, b) \mid a \in R_1,\ b \in R_2\}$는 다음에 주어진 덧셈연산과 곱셈연산에 대하여 환이다.

$$(a, b) + (c, d) = (a + c, b + d)$$
$$(a, b)(c, d) = (ac, bd) \qquad (a, c \in R_1,\quad b, d \in R_2)$$

예제 계수가 정수인 모든 다항식들의 집합 $\mathbb{Z}[x]$는 다항식의 덧셈연산과 곱셈연산에 대하여 환이다.

예제 집합 $\mathbb{Z}[i]=\{n+mi \mid n,m\in\mathbb{Z}\}$는 다음에 주어진 덧셈연산과 곱셈연산에 대하여 환이다.

$$(n_1+m_1i)+(n_2+m_2i)=(n_1+n_2)+(m_1+m_2)i$$
$$(n_1+m_1i)(n_2+m_2i)=(n_1n_2-m_1m_2)+(n_1m_2+n_2m_1)i$$
$$(n_1, n_2, m_1, m_2\in\mathbb{Z})$$

예제 집합 $\mathbb{Z}[\sqrt{5}]=\{n+m\sqrt{5} \mid n,m\in\mathbb{Z}\}$는 다음에 주어진 덧셈연산과 곱셈연산에 대하여 환이다.

$$(n_1+m_1\sqrt{5})+(n_2+m_2\sqrt{5})=(n_1+n_2)+(m_1+m_2)\sqrt{5}$$
$$(n_1+m_1\sqrt{5})(n_2+m_2\sqrt{5})=(n_1n_2+5m_1m_2)+(n_1m_2+n_2m_1)\sqrt{5}$$
$$(n_1, n_2, m_1, m_2\in\mathbb{Z})$$

정의

환 R이 다음 조건을 만족시키면 R을 **가환환(commutative ring)**이라고 한다.

(곱셈에 대한 교환법칙) 임의의 원소 $a,b\in R$에 대하여

$$a\cdot b=b\cdot a$$

예제 환 $\mathbb{Z}$, $\mathbb{Q}$, $\mathbb{R}$, $\mathbb{C}$는 모두 가환환이다.

예제 임의의 자연수 n에 대하여 $n\mathbb{Z}$는 가환환이다.

예제 집합 $\mathbb{R}^n=\{(a_1, a_2, \cdots, a_n) \mid a_i\in\mathbb{R},\ i=1,2,\cdots,n\}$은 다음에 주어진 덧셈연산과 곱셈연산에 대하여 가환환이다.

$$(a_1, a_2, \cdots, a_n) + (b_1, b_2, \cdots, b_n) = (a_1 + b_1, a_2 + b_2, \cdots, a_n + b_n)$$
$$(a_1, a_2, \cdots, a_n)(b_1, b_2, \cdots, b_n) = (a_1 b_1, a_2 b_2, \cdots, a_n b_n)$$
$$(a_i, b_i \in \mathbb{R},\ i = 1, 2, \cdots, n)$$

예제 체 F에 대하여 환 $M_{n\times n}(F)$는 행렬의 덧셈연산과 곱셈연산에 대하여 가환환이 아니다.

예제 환 $\mathbb{Z}_n = \{0, 1, 2, \cdots, n-1\}$은 n을 법으로 하는 덧셈연산과 곱셈연산에 대하여 가환환이다.

예제 집합 $R = \{f \mid f : \mathbb{R} \to \mathbb{R}$ 는 연속함수이다$\}$은 다음에 주어진 함수의 덧셈연산과 곱셈연산에 대하여 가환환이다.

$$(f+g)(a) = f(a) + g(a)$$
$$(fg)(a) = f(a)g(a) \qquad (f, g \in R,\quad a \in \mathbb{R})$$

예제 가환환 R_1과 R_2에 대하여 집합 $R_1 \times R_2 = \{(a,b) \mid a \in R_1,\ b \in R_2\}$는 다음에 주어진 덧셈연산과 곱셈연산에 대하여 가환환이다.

$$(a, b) + (c, d) = (a + c, b + d)$$
$$(a, b)(c, d) = (ac, bd) \qquad (a, c \in R_1,\quad b, d \in R_2)$$

예제 집합 $\mathbb{Z}[x]$는 다항식의 덧셈연산과 곱셈연산에 대하여 가환환이다.

예제 집합 $\mathbb{Z}[i] = \{n + mi \mid n, m \in \mathbb{Z}\}$는 다음에 주어진 덧셈연산과 곱셈연산에 대하여 가환환이다.

$$(n_1 + m_1 i) + (n_2 + m_2 i) = (n_1 + n_2) + (m_1 + m_2)i$$
$$(n_1 + m_1 i)(n_2 + m_2 i) = (n_1 n_2 - m_1 m_2) + (n_1 m_2 + n_2 m_1)i$$
$$(n_1, n_2, m_1, m_2 \in \mathbb{Z})$$

예제 집합 $\mathbb{Z}[\sqrt{5}] = \{n + m\sqrt{5} \mid n, m \in \mathbb{Z}\}$는 다음에 주어진 덧셈연산과 곱

셈연산에 대하여 가환환이다.

$$(n_1 + m_1\sqrt{5}) + (n_2 + m_2\sqrt{5}) = (n_1 + n_2) + (m_1 + m_2)\sqrt{5}$$
$$(n_1 + m_1\sqrt{5})(n_2 + m_2\sqrt{5}) = (n_1 n_2 + 5m_1 m_2) + (n_1 m_2 + n_2 m_1)\sqrt{5}$$
$$(n_1, n_2, m_1, m_2 \in \mathbb{Z})$$

정의

환 R에 속하는 원소 x가 존재하여 임의의 원소 $a \in R$에 대하여

$$a\,x = a = x\,a$$

이면 원소 x를 곱셈에 대한 **항등원(identity)** 또는 **단위원(unity)**이라 하고 1_R로 나타낸다.

참고 1. 모든 환 R이 곱셈에 대한 항등원을 갖는 것은 아니다.
2. 단위원을 표현할 때 주어진 환 R의 단위원임이 명백한 경우에는 1_R 대신에 1로 표현하기도 한다.

예제 환 $\mathbb{Z}$에 속하는 원소 1은 모든 원소 $n \in \mathbb{Z}$에 대하여

$$n \times 1 = n = 1 \times n$$

을 만족시킨다.

따라서 환 $\mathbb{Z}$는 단위원 $1_{\mathbb{Z}} = 1$을 갖는 환이다.

예제 환 $5\mathbb{Z}$는 단위원을 갖지 않는 환임을 다음과 같이 보일 수 있다.

만일 $5\mathbb{Z}$가 단위원 $1_{5\mathbb{Z}}$을 갖는 환이라고 가정하면 $1_{5\mathbb{Z}} \in 5\mathbb{Z}$이므로 적당한 정수 n이 존재하여 $1_{5\mathbb{Z}} = 5n$을 만족시킨다. 따라서 임의의 원소 $a \in 5\mathbb{Z}$에 대하여

$$a \times 1_{5\mathbb{Z}} = a \times 5n = a$$

이다.

그런데 원소 $5 \in 5\mathbb{Z}$를 택하면

$$5 \times 5n \neq 5$$

이므로 $1_{5\mathbb{Z}} = 5n$이 단위원이라는 가정에 모순이다.

결과적으로 환 $5\mathbb{Z}$는 단위원을 갖지 않는 환이다.

예제 환 $\mathbb{R}^n = \{(a_1, a_2, \cdots, a_n) \mid a_i \in \mathbb{R},\ i = 1, 2, \cdots, n\}$에 속하는 원소 $(1, 1, \cdots, 1)$는 모든 원소 $(a_1, a_2, \cdots, a_n) \in \mathbb{R}^n$에 대하여

$$(a_1, a_2, \cdots, a_n)(1, 1, \cdots, 1) = (a_1, a_2, \cdots, a_n) = (1, 1, \cdots, 1)(a_1, a_2, \cdots, a_n)$$

을 만족시킨다.

따라서 환 $\mathbb{R}^n$은 단위원 $1_{\mathbb{R}^n} = (1, 1, \cdots, 1)$을 갖는 환이다.

예제 환 $M_{n \times n}(\mathbb{R})$에 속하는 원소 I_n는 모든 원소 $A \in M_{n \times n}(\mathbb{R})$에 대하여

$$A I_n = A = I_n A$$

을 만족시킨다.

따라서 환 $M_{n \times n}(\mathbb{R})$는 단위원 $1_{M_{n \times n}(\mathbb{R})} = I_n$을 갖는 환이다.

예제 환 $\mathbb{Z}_n = \{0, 1, 2, \cdots, n-1\}$에 속하는 원소 1은 모든 원소 $m \in \mathbb{Z}_n$에 대하여

$$m \times 1 = m = 1 \times m$$

을 만족시킨다.

그러므로 환 $\mathbb{Z}_n$은 단위원 $1_{\mathbb{Z}_n} = 1$을 갖는 환이다.

예제 환 $R = \{f \mid f : \mathbb{R} \to \mathbb{R}$ 는 연속함수이다$\}$에 대하여

$$h : \mathbb{R} \to \mathbb{R}, \qquad h(x) = 1 \qquad (x \in \mathbb{R})$$

로 정의되는 함수 h는 R에 속하는 원소이다.

또한 모든 원소 $f \in R$에 대하여

$$fh = f = hf$$

을 만족시킨다.

따라서 환 R은 단위원 $1_R = h$를 갖는 환이다.

예제 환 R_1과 R_2가 각각 곱셈연산에 대한 항등원 1_{R_1}과 1_{R_2}를 갖는 환이라고 가정할 때 환

$$R_1 \times R_2 = \{(a,b) \mid a \in R_1,\ b \in R_2\}$$

에 속하는 원소 $(1_{R_1}, 1_{R_2}) \in R_1 \times R_2$는 모든 원소 (a,b)에 대하여

$$(a,b)(1_{R_1}, 1_{R_2}) = (a,b) = (1_{R_1}, 1_{R_2})(a,b)$$

을 만족시킨다.

따라서 환 $R_1 \times R_2$는 단위원 $1_{R_1 \times R_2} = (1_{R_1}, 1_{R_2})$를 갖는 환이다.

예제 환 $\mathbb{Z}[x]$에 속하는 원소 1은 모든 원소 $f(x) \in \mathbb{Z}[x]$에 대하여

$$f(x) \times 1 = f(x) = 1 \times f(x)$$

를 만족시킨다.

그러므로 환 $\mathbb{Z}[x]$는 단위원 $1_{\mathbb{Z}[x]} = 1$을 갖는 환이다.

예제 환 $\mathbb{Z}[i] = \{n + mi \mid n, m \in \mathbb{Z}\}$에 속하는 원소 1은 모든 원소 $n + mi$에 대하여

$$(n+mi) \times 1 = n + mi = 1 \times (n+mi)$$

을 만족시킨다.

따라서 환 $\mathbb{Z}[i]$는 단위원 $1_{\mathbb{Z}[i]} = 1$을 갖는 환이다.

예제 환 $\mathbb{Z}[\sqrt{5}] = \{n + m\sqrt{5} \mid n, m \in \mathbb{Z}\}$에 속하는 원소 1은 모든 원소 $n + m\sqrt{5}$에 대하여

$$(n + m\sqrt{5}) \times 1 = n + m\sqrt{5} = 1 \times (n + m\sqrt{5})$$

을 만족시킨다.

따라서 환 $\mathbb{Z}[\sqrt{5}]$는 단위원 $1_{\mathbb{Z}[\sqrt{5}]}=1$을 갖는 환이다.

정의

환 R에 속한 원소 a에 대하여 적당한 원소 $x \in R$가 존재하여

$$a\,x = 1_R = x\,a$$

이면 x를 곱셈에 대한 a의 **역원(inverse)**이라 하고 a^{-1}로 나타낸다.
이때 a를 **단원(unit)**이라고 한다.

참고 환 R에 속하는 모든 원소가 곱셈에 대한 역원을 갖는 것은 아니다.

예제 환 $\mathbb{R}$에 속하는 임의의 원소 $a \in \mathbb{R}-\{0\}$를 택하면 $\frac{1}{a} \in \mathbb{R}$이고

$$a \times \frac{1}{a} = 1 = \frac{1}{a} \times a$$

를 만족시키므로 a는 단원이다.
따라서 환 $\mathbb{R}$에 속하는 모든 단원들의 집합은 $\mathbb{R}-\{0\}$이다.

예제 환 $\mathbb{Z}$에 속하는 임의의 원소 $a \in \mathbb{Z}-\{-1,1\}$를 택하면

$$a \times b = 1 = b \times a$$

를 만족시키는 원소 $b=\frac{1}{a}$는 환 $\mathbb{Z}$에 속하지 않으므로 원소 a는 단원이 아니다.
또한

$$(-1)\times(-1)=1, \qquad 1 \times 1 = 1$$

이므로 원소 -1과 1은 단원이다.
따라서 환 $\mathbb{Z}$에 속하는 모든 단원들의 집합은 $\{-1,1\}$이다.

예제 환 $\mathbb{R}^n$에 속하는 원소

$$(a_1, a_2, \cdots, a_n), \quad a_i \neq 0, \quad i = 1, 2, \cdots, n$$

는 단원이고

$$(a_1, a_2, \cdots, a_n)\left(\frac{1}{a_1}, \frac{1}{a_2}, \cdots, \frac{1}{a_n}\right) = (1, 1, \cdots, 1)$$

이므로

$$(a_1, a_2, \cdots, a_n)^{-1} = \left(\frac{1}{a_1}, \frac{1}{a_2}, \cdots, \frac{1}{a_n}\right) = (a_1^{-1}, a_2^{-1}, \cdots, a_n^{-1})$$

이다.

예제 환 $M_{2\times 2}(\mathbb{Z})$에 속하는 원소 $A = \begin{pmatrix} 1 & 1 \\ 1 & 0 \end{pmatrix}$를 택하면 원소 $\begin{pmatrix} 0 & 1 \\ 1 & -1 \end{pmatrix} \in M_{2\times 2}(\mathbb{Z})$에 대하여

$$\begin{pmatrix} 1 & 1 \\ 1 & 0 \end{pmatrix}\begin{pmatrix} 0 & 1 \\ 1 & -1 \end{pmatrix} = I_2 = \begin{pmatrix} 0 & 1 \\ 1 & -1 \end{pmatrix}\begin{pmatrix} 1 & 1 \\ 1 & 0 \end{pmatrix}$$

를 만족시킨다.

따라서 원소 $A = \begin{pmatrix} 1 & 1 \\ 1 & 0 \end{pmatrix}$는 단원이고 $A^{-1} = \begin{pmatrix} 0 & 1 \\ 1 & -1 \end{pmatrix}$이다.

그런데 원소 $B = \begin{pmatrix} 1 & 1 \\ 1 & 5 \end{pmatrix}$는 단원이 아님을 다음과 같이 보일 수 있다.

만일 원소 $B = \begin{pmatrix} 1 & 1 \\ 1 & 5 \end{pmatrix}$가 단원이면 적당한 원소 $C = \begin{pmatrix} a & b \\ c & d \end{pmatrix} \in M_{2\times 2}(\mathbb{Z})$가 존재하여

$$BC = I_2 = CB$$

를 만족시킨다.

따라서

$$a + c = 1, \quad a + 5c = 0, \quad b + d = 0, \quad b + 5d = 1$$

이므로 $c = -\frac{1}{4} \notin \mathbb{Z}$이다.

이는 $C = \begin{pmatrix} a & b \\ c & d \end{pmatrix} \in M_{2\times 2}(\mathbb{Z})$에 모순이므로 원소 B는 단원이 아니다.

예제 환 $\mathbb{Z}_{12} = \{0, 1, 2, \cdots, 11\}$에 속하는 원소 7을 택하면

$$7 \times 7 = 1$$

이므로 원소 7은 단원이고 $7^{-1} = 7$이다.

한편, 원소 4를 택하면

$$4 \times n = 1 = n \times 4$$

를 만족시키는 원소 $n \in \mathbb{Z}_{12}$은 존재하지 않는다.

따라서 원소 4는 단원이 아니다.

예제 환 $R = \{ f \mid f : \mathbb{R} \rightarrow \mathbb{R}$ 는 연속함수이다$\}$에 속한 원소 g를

$$g(x) = \frac{1}{5}, \qquad x \in \mathbb{R}$$

로 정의되는 함수라고 놓으면

$$h(x) = 5, \qquad x \in \mathbb{R}$$

로 정의되는 함수 $h \in R$에 대하여

$$(gh)(x) = g(x) \times h(x) = \frac{1}{5} \times 5 = 1, \qquad x \in \mathbb{R}$$

이므로 g는 단원이고 $g^{-1} = h$이다.

예제 환 $R = \mathbb{Z} \times \mathbb{Z}$에 속하는 원소 (a,b)를 택하면 $a \neq 1$ 또는 $b \neq 1$일 때

$$(a,b)(c,d) = (ac,bd) \neq (1,1)$$

을 만족시키는 원소 $(c,d) \in R$는 존재하지 않는다.

따라서 $a \neq 1$ 또는 $b \neq 1$이면 (a,b)는 단원이 아니다.

또한 $a \neq -1$ 또는 $b \neq -1$일 때

$$(a,b)(s,t) = (as,bt) \neq (1,1)$$

을 만족시키는 원소 $(s,t) \in R$는 존재하지 않는다.

따라서 $a \neq -1$ 또는 $b \neq -1$이면 (a,b)는 단원이 아니다.

그런데

$$(1,1)(1,1) = (1,1), \qquad (-1,-1)(-1,-1) = (1,1)$$
$$(1,-1)(1,-1) = (1,1), \qquad (-1,1)(-1,1) = (1,1)$$

이므로 원소 $(1,1)$, $(-1,-1)$, $(1,-1)$, $(-1,1)$은 모두 단원이고

$$(1,1)^{-1}=(1,1), \qquad (-1,-1)^{-1}=(-1,-1)$$
$$(1,-1)^{-1}=(1,-1), \qquad (-1,1)^{-1}=(-1,1)$$

이다.

예제 곱셈연산에 대한 항등원 1_{R_1}과 1_{R_2}를 갖는 환 R_1과 R_2에 대하여 환

$$R_1\times R_2=\{(a,b)\mid a\in R_1,\ b\in R_2\}$$

에 속하는 원소 (c,d)는 c와 d가 각각 곱셈에 대한 역원 c^{-1}와 d^{-1}를 가질 때

$$(c,d)(c^{-1},d^{-1})=(1_{R_1},1_{R_2})=(c^{-1},d^{-1})(c,d)$$

를 만족시킨다.

따라서 원소 (c,d)는 c^{-1}와 d^{-1}가 존재할 경우에만 단원이 되고 $(c,d)^{-1}=(c^{-1},d^{-1})$임을 알 수 있다.

예제 환 $\mathbb{Z}[x]$에 속하는 원소 $f(x)$가 단원이 되기 위한 조건을 다음과 같이 단계적으로 살펴보자.

우선 원소 $f(x)\in\mathbb{Z}[x]-\mathbb{Z}$에 대하여 적당한 원소 $g(x)\in\mathbb{Z}[x]$가 존재하여

$$f(x)g(x)=1$$

이라 가정하자.

그런데 x에 대한 $f(x)g(x)$의 차수는 1 이상이고 1의 차수는 0이므로 모순을 얻는다. 따라서 원소 $f(x)\in\mathbb{Z}[x]-\mathbb{Z}$는 단원이 아니다.

또한 원소 $f(x)\in\mathbb{Z}-\{1,-1,0\}$에 대하여 $g(x)\in\mathbb{Z}[x]$가 존재하여 $f(x)g(x)=1$를 만족시키면 $g(x)=\dfrac{1}{f(x)}\notin\mathbb{Z}[x]$이므로 모순이다. 즉, 원소 $f(x)\in\mathbb{Z}-\{1,-1,0\}$는 단원이 아니다.

만일 $f(x)=0$이면 $f(x)g(x)=1$를 만족시키는 원소 $g(x)\in\mathbb{Z}[x]$가 존재하지 않으므로 $f(x)=0$는 단원이 아니다.

한편, $1\times1=1$이고 $(-1)\times(-1)=1$이므로 1과 -1은 단원이다.

결과적으로 $\mathbb{Z}[x]$에 속하는 단원은 1과 -1뿐임을 알 수 있다.

예제 환 $\mathbb{Z}[i]=\{n+mi \mid n,m\in\mathbb{Z}\}$에 속하는 원소 $1+i$가 단원이라면 적당한 원소 $n+mi\in\mathbb{Z}[i]$가 존재하여

$$(1+i)(n+mi)=1$$

이다. 따라서

$$n-m=1, \qquad n+m=0$$

이므로

$$n=\frac{1}{2}, \qquad m=-\frac{1}{2}$$

이다. 그런데 $n+mi\in\mathbb{Z}[i]$이므로 이는 모순이다.

따라서 원소 $1+i$의 곱셈에 대한 역원은 존재하지 않으므로 $1+i$는 단원이 아니다.

예제 환 $\mathbb{Z}[\sqrt{5}]=\{n+m\sqrt{5} \mid n,m\in\mathbb{Z}\}$에 속하는 원소 $2+\sqrt{5}$가 단원이라면 적당한 원소 $n+m\sqrt{5}\in\mathbb{Z}[\sqrt{5}]$가 존재하여

$$(1+\sqrt{5})(n+m\sqrt{5})=1$$

이다. 따라서

$$n+5m=1, \qquad n+m=0$$

이므로

$$n=-\frac{1}{4}, \qquad m=\frac{1}{4}$$

이다. 그런데 $n+m\sqrt{5}\in\mathbb{Z}[\sqrt{5}]$이므로 모순을 얻는다.

그러므로 원소 $2+\sqrt{5}$의 곱셈에 대한 역원은 존재하지 않으므로 $2+\sqrt{5}$는 단원이 아니다.

정의

환 R의 부분집합 S가 환 R에서 주어진 연산에 대하여 환이 되면 S를 R의 **부분환(subring)**이라고 한다.

참고 부분환을 표현할 때는 일반적으로 영문자 대문자 S를 사용한다.

예제 환 R에 대하여 부분집합 R과 $\{0_R\}$는 R의 부분환이다.

예제 집합 $\mathbb{Z}$는 환 $\mathbb{Q}$의 부분환이고, 집합 $\mathbb{Q}$는 환 $\mathbb{R}$의 부분환이다.

예제 집합 $5\mathbb{Z}$는 환 $\mathbb{Z}$의 부분환이고 또한 환 $\mathbb{R}$의 부분환이다.

예제 환 $\mathbb{Z}$에 대하여 $\mathbb{Z}$의 부분집합 S가 $\mathbb{Z}$의 부분환이면 S는 덧셈연산에 대하여 $\mathbb{Z}$의 부분군이다. 따라서 적당한 정수 n이 존재하여

$$S = n\mathbb{Z}$$

이다. 그런데 임의의 정수 n에 대하여 집합 $n\mathbb{Z}$는 환 $\mathbb{Z}$의 부분환이다.

즉, 환 $\mathbb{Z}$의 모든 부분환들의 집합 X는 다음과 같다.

$$X = \{n\mathbb{Z} \mid n \in \mathbb{Z}\}$$

예제 환 $\mathbb{R}^n$의 부분집합

$$\mathbb{Q}^n = \{(a_1, a_2, \cdots, a_n) \mid a_i \in \mathbb{Q},\ i = 1, 2, \cdots, n\}$$

은 $\mathbb{R}^n$의 부분환이다.

예제 환 $M_{n\times n}(\mathbb{R})$의 부분집합 $M_{n\times n}(\mathbb{Z})$는 $M_{n\times n}(\mathbb{R})$의 부분환이다.

예제 환 $\mathbb{Z}_n = \{0, 1, 2, \cdots, n-1\}$에 주어진 연산은 환 $\mathbb{Z}$에 주어진 연산과 같지 않으므로 $\mathbb{Z}_n$은 $\mathbb{Z}$의 부분환이 아니다.

예제 환 $\mathbb{Z}_6$의 부분집합 $S = \{0, 3\}$는 $\mathbb{Z}_6$의 부분환이다.

예제 환 $R = \{f \mid f : \mathbb{R} \to \mathbb{R}$ 는 연속함수이다$\}$의 부분집합

$$S=\{f \mid f:\mathbb{R}\to[-1,1] \text{ 는 연속함수이다}\}$$

는 R의 부분환이 아님을 다음과 같이 알 수 있다.

만일 f를

$$f(x)=1, \qquad x\in\mathbb{R}$$

로 정의하면 $f\in S$이고 모든 원소 $x\in\mathbb{R}$ 에 대하여

$$(f+f)(x)=f(x)+f(x)=1+1=2\not\in[-1,1]$$

이므로

$$f+f\not\in S$$

이다. 따라서 집합 S는 덧셈연산에 대하여 닫혀있지 않으므로 S는 R의 부분환이 될 수 없다.

예제 환 $R=\{f \mid f:\mathbb{R}\to\mathbb{R} \text{ 는 연속함수이다}\}$의 부분집합

$$S=\{f \mid f:\mathbb{R}\to\mathbb{R} \text{ 는 미분가능한 함수이다}\}$$

는 R의 부분환이다.

예제 환 R_1과 R_2에 대하여 정의되는 환 $R=R_1\times R_2$ 의 부분집합

$$S=\{0_{R_1}\}\times R_2=\{(0_{R_1},b)\mid b\in R_2\}$$

는 R의 부분환이다.

예제 환 $\mathbb{Z}\times\mathbb{Z}$ 의 부분집합 $3\mathbb{Z}\times5\mathbb{Z}$는 $\mathbb{Z}\times\mathbb{Z}$ 의 부분환이다.

예제 환 $\mathbb{R}[x]$의 부분집합 $\mathbb{Z}[x]$은 $\mathbb{R}[x]$의 부분환이다.

예제 환 $\mathbb{C}$ 의 부분집합 $\mathbb{Z}[i]$은 $\mathbb{C}$ 의 부분환이다.

예제 환 $\mathbb{R}$ 의 부분집합 $\mathbb{Z}[\sqrt{5}]$은 $\mathbb{R}$ 의 부분환이다.

정리

S_1이 환 R의 부분환이고 S_2가 S_1의 부분환이면 S_2는 R의 부분환이다.

증명 가정에 의하여 S_2는 환 R의 부분집합이다. 또한 S_2는 S_1의 부분환이므로 덧셈에 대한 결합법칙, 교환법칙, 곱셈에 대한 결합법칙, 배분법칙이 성립함은 명백하다. 따라서 집합 S_2 내에서 덧셈에 대한 항등원의 존재성과 임의의 원소 $a \in S_2$의 덧셈에 대한 역원의 존재성만 보이면 충분하다.

우선 S_2는 S_1의 부분환이므로 S_2는 덧셈에 대한 항등원을 포함한다.

그리고 임의의 원소 $a \in S_2$를 택하면 $-a \in S_2$이므로 결과적으로 S_2는 R의 부분환이다. ▣

예제 집합 $\mathbb{Z}$는 환 $\mathbb{Q}$의 부분환이고, 환 $\mathbb{Q}$는 환 $\mathbb{R}$의 부분환이므로 $\mathbb{Z}$는 환 $\mathbb{R}$의 부분환이다.

예제 집합 $5\mathbb{Z}$는 환 $\mathbb{R}$의 부분환이고 환 $\mathbb{R}$은 환 $\mathbb{C}$의 부분환이므로 $5\mathbb{Z}$는 환 $\mathbb{C}$의 부분환이다.

예제 집합 $\mathbb{Q}^n$은 환 $\mathbb{R}^n$의 부분환이고 환 $\mathbb{Z}^n$은 환 $\mathbb{Q}^n$의 부분환이므로 $\mathbb{Z}^n$은 환 $\mathbb{R}^n$의 부분환이다.

예제 집합 $M_{n\times n}(\mathbb{Q})$는 환 $M_{n\times n}(\mathbb{R})$의 부분환이고 환 $M_{n\times n}(\mathbb{Z})$는 환 $M_{n\times n}(\mathbb{Q})$의 부분환이므로 환 $M_{n\times n}(\mathbb{Z})$는 환 $M_{n\times n}(\mathbb{R})$의 부분환이다.

예제 집합 $\mathbb{R}$은 환 $\mathbb{R}[x]$의 부분환이고 환 $\mathbb{Z}[\sqrt{5}]$은 환 $\mathbb{R}$의 부분환이므로 $\mathbb{Z}[\sqrt{5}]$는 환 $\mathbb{R}[x]$의 부분환이다.

예제 집합 $3\mathbb{Z}\times 5\mathbb{Z}$는 환 $\mathbb{Z}\times\mathbb{Z}$의 부분환이고 환 $6\mathbb{Z}\times 5\mathbb{Z}$는 환 $3\mathbb{Z}\times 5\mathbb{Z}$의 부분환이다. 따라서 $6\mathbb{Z}\times 5\mathbb{Z}$는 환 $\mathbb{Z}\times\mathbb{Z}$의 부분환이다.

정리

환 R의 부분집합 S가 R의 부분환이기위한 필요충분조건은 S가 다음 두 조건을 만족시키는 것이다.

(1) $a-b \in S$

(2) $ab \in S$ $\quad$ ($a, b \in S$)

증명 우선 S가 R의 부분환이라고 가정하면 환의 정의에 의하여 조건 (1)과 (2)가 성립함은 명백하다.

역으로 환 R의 부분집합 S가 주어진 두 조건을 만족시킨다고 가정하자. 그러면 S는 R의 부분집합이므로 S에서 덧셈에 대한 결합법칙과 교환법칙, 곱셈에 대한 결합법칙, 배분법칙 등이 성립한다. 따라서 덧셈에 대한 항등원의 존재, 덧셈에 대한 역원의 존재를 증명하면 충분하다.

원소 $a \in S$에 대하여 조건 (1)을 이용하면

$$0 = a - a \in S$$

이므로 $0 \in S$이고

$$-a = 0 - a \in S$$

이므로 $-a \in S$이다.

따라서 결과적으로 S는 R의 부분환임을 알 수 있다. ▣

예제 환 $\mathbb{C}$의 부분집합 $\mathbb{R}$에 속하는 임의의 원소 a,b에 대해서

$$a - b \in \mathbb{R}, \qquad ab \in \mathbb{R}$$

이므로 $\mathbb{R}$은 환 $\mathbb{C}$의 부분환이다.

예제 환 $\mathbb{R}$의 부분집합 $5\mathbb{Z}$에 속하는 원소 a,b에 대해서

$$a - b \in 5\mathbb{Z}, \qquad ab \in 5\mathbb{Z}$$

이므로 $5\mathbb{Z}$은 환 $\mathbb{R}$의 부분환이다.

예제 환 $\mathbb{R}^n$의 부분집합 $\mathbb{Q}^n$에 속하는 임의의 원소 $(a_1, a_2, \cdots, a_n)$와 $(b_1, b_2, \cdots, b_n)$에 대하여 다음을 만족시키므로 $\mathbb{Q}^n$은 환 $\mathbb{R}^n$의 부분환이다.

$$(a_1, a_2, \cdots, a_n) - (b_1, b_2, \cdots, b_n) = (a_1 - b_1, a_2 - b_2, \cdots, a_n - b_n) \in \mathbb{Q}^n$$
$$(a_1, a_2, \cdots, a_n)(b_1, b_2, \cdots, b_n) = (a_1 b_1, a_2 b_2, \cdots, a_n b_n) \in \mathbb{Q}^n$$

예제 환 $R = \{f \mid f : \mathbb{R} \to \mathbb{R}$ 는 연속함수이다$\}$의 부분집합

$$S = \{f \mid f : \mathbb{R} \to \mathbb{R} \text{ 는 미분가능한 함수이다}\}$$

에 속하는 임의의 원소 $f, g \in S$에 대하여

$$f - g,\ fg \in S$$

이므로 S는 R의 부분환이다.

예제 환 $\mathbb{R}[x]$의 부분집합 $\mathbb{Z}[x]$에 속하는 임의의 원소 $f(x), g(x)$에 대하여

$$f(x) - g(x) \in \mathbb{Z}[x], \qquad f(x)g(x) \in \mathbb{Z}[x]$$

이므로 $\mathbb{Z}[x]$는 환 $\mathbb{R}[x]$의 부분환이다.

예제 환 $\mathbb{Z} \times \mathbb{Z}$의 부분집합 $3\mathbb{Z} \times 5\mathbb{Z}$에 속하는 임의의 원소 a, b에 대하여

$$a = (3m, 5n), \qquad b = (3s, 5t)$$

인 정수 m, n, s, t가 존재한다. 따라서

$$a - b = (3m - 3s, 5n - 5t) \in 3\mathbb{Z} \times 5\mathbb{Z}$$
$$ab = (9ms, 25nt) \in 3\mathbb{Z} \times 5\mathbb{Z}$$

이므로 $3\mathbb{Z} \times 5\mathbb{Z}$는 $\mathbb{Z} \times \mathbb{Z}$의 부분환이다.

정리

환 R의 부분환 S_1과 S_2에 대하여 $S_1 \cap S_2$는 R의 부분환이다.

증명 임의의 원소 $a, b \in S_1 \cap S_2$에 대하여

$$a, b \in S_1 \text{ 이고 } \quad a, b \in S_2$$

이다. 그런데 S_1과 S_2는 R의 부분환이므로

$$a - b,\ ab \in S_1$$

이고

$$a - b,\ ab \in S_2$$

이다. 따라서

$$a - b,\ ab \in S_1 \cap S_2$$

이므로 $S_1 \cap S_2$는 R의 부분환이다. ▣

예제 환 $\mathbb{Z}$의 부분환 $S_1 = 3\mathbb{Z}$와 $S_2 = 5\mathbb{Z}$에 대하여

$$S_1 \cap S_2 = 3\mathbb{Z} \cap 5\mathbb{Z} = 15\mathbb{Z}$$

는 $\mathbb{Z}$의 부분환이다.

예제 환 $\mathbb{Z}_6$의 부분환 $S_1 = \{0,3\}$과 $S_2 = \{0,2,4\}$에 대하여

$$S_1 \cap S_2 = \{0\}$$

은 $\mathbb{Z}_6$의 부분환이다.

예제 환 $R = \mathbb{Z} \times \mathbb{Z}$의 부분환 $S_1 = 3\mathbb{Z} \times 5\mathbb{Z}$와 $S_2 = 5\mathbb{Z} \times 2\mathbb{Z}$에 대하여

$$S_1 \cap S_2 = 15\mathbb{Z} \times 10\mathbb{Z}$$

는 R의 부분환이다.

정리

환 R의 부분환 $S_1, S_2, \cdots, S_n$에 대하여 $\bigcap_{i=1}^{n} S_i$는 R의 부분환이다.

증명 임의의 원소 $a,b \in \bigcap_{i=1}^{n} S_i$를 택하면 모든 $i=1,2,\cdots,n$에 대하여 $a,b \in S_i$이다. 그런데 S_i는 R의 부분환이므로 모든 $i=1,2,\cdots,n$에 대하여

$$a-b,\ ab \in S_i$$

이다. 따라서

$$a-b,\ ab \in \bigcap_{i=1}^{n} S_i$$

이므로 $\bigcap_{i=1}^{n} S_i$는 R의 부분환이다. ▣

정리

환 R에 대하여 다음 명제는 거짓명제이다.

"S_1과 S_2가 R의 부분환이면 $S_1 \cup S_2$는 R의 부분환이다."

예제 환 $R=\mathbb{Z}$에 대하여 부분환 $S_1=3\mathbb{Z}$와 $S_2=5\mathbb{Z}$를 택하면

$$3 \in S_1, \quad 5 \in S_2$$

이므로

$$3, 5 \in S_1 \cup S_2$$

이다. 만일

$$3+5=8 \in S_1 \cup S_2$$

이라면

$$8 \in S_1 \quad \text{또는} \quad 8 \in S_2$$

이다. 그런데

$$8=3n \quad \text{또는} \quad 8=5m$$

를 만족시키는 정수 n, m은 존재하지 않으므로

$$3+5 \notin S_1 \cup S_2$$

이다. 따라서 $S_1 \cup S_2 = 3\mathbb{Z} \cup 5\mathbb{Z}$는 덧셈연산에 대하여 닫혀있지 않으므로 $R=\mathbb{Z}$의 부분환이 아니다.

정리

환 R에 대하여 다음 명제는 거짓명제이다.

"S_1과 S_2가 R의 부분환이면 S_1+S_2는 R의 부분환이다."

예제 환 $M_{2\times 2}(\mathbb{R})$의 부분환

$$S_1=\left\{\begin{pmatrix} a & a \\ 0 & 0 \end{pmatrix} \mid a\in\mathbb{R}\right\},\qquad S_2=\left\{\begin{pmatrix} 0 & 0 \\ c & d \end{pmatrix} \mid c,d\in\mathbb{R}\right\}$$

에 대하여

$$\begin{pmatrix} 1 & 1 \\ 0 & 0 \end{pmatrix}\in S_1,\qquad \begin{pmatrix} 0 & 0 \\ 1 & 2 \end{pmatrix}\in S_2$$

이므로

$$\begin{pmatrix} 1 & 1 \\ 0 & 0 \end{pmatrix}, \begin{pmatrix} 0 & 0 \\ 1 & 2 \end{pmatrix}\in S_1+S_2$$

이다. 만일

$$\begin{pmatrix} 1 & 1 \\ 0 & 0 \end{pmatrix}\begin{pmatrix} 0 & 0 \\ 1 & 2 \end{pmatrix}=\begin{pmatrix} 1 & 2 \\ 0 & 0 \end{pmatrix}\in S_1+S_2$$

이라고 가정하면

$$\begin{pmatrix} 1 & 2 \\ 0 & 0 \end{pmatrix}=\begin{pmatrix} a & a \\ 0 & 0 \end{pmatrix}+\begin{pmatrix} 0 & 0 \\ b & c \end{pmatrix}$$

를 만족시키는 실수 a,b,c가 존재한다.

즉, 다음 조건을 만족시키는 실수 a,b,c가 존재한다.

$$a=1,\ a=2,\ b=0,\ c=0$$

그런데 이는 모순이므로

$$\begin{pmatrix} 1 & 1 \\ 0 & 0 \end{pmatrix}\begin{pmatrix} 0 & 0 \\ 1 & 2 \end{pmatrix}=\begin{pmatrix} 1 & 2 \\ 0 & 0 \end{pmatrix}\notin S_1+S_2$$

이다.

따라서 S_1+S_2는 곱셈연산에 대하여 닫혀있지 않으므로 R의 부분환이 아니다.

정리

환 R에 대하여 다음 명제는 거짓명제이다.

"S_1과 S_2가 R의 부분환이면 S_1S_2는 R의 부분환이다."

예제 환 $R = M_{2\times 2}(\mathbb{Z})$의 부분환

$$S_1 = \left\{\begin{pmatrix} a & b \\ 0 & a \end{pmatrix} \mid a, b \in \mathbb{Z}\right\}, \qquad S_2 = \left\{\begin{pmatrix} c & 0 \\ d & c \end{pmatrix} \mid c, d \in \mathbb{Z}\right\}$$

에 대하여

$$\begin{pmatrix} 1 & 1 \\ 0 & 1 \end{pmatrix} \in S_1, \qquad \begin{pmatrix} 1 & 0 \\ 1 & 1 \end{pmatrix} \in S_2$$

이다. 따라서

$$\begin{pmatrix} 1 & 1 \\ 0 & 1 \end{pmatrix}\begin{pmatrix} 1 & 0 \\ 1 & 1 \end{pmatrix} = \begin{pmatrix} 2 & 1 \\ 1 & 1 \end{pmatrix} \in S_1S_2$$

이다. 만일

$$\begin{pmatrix} 2 & 1 \\ 1 & 1 \end{pmatrix}\begin{pmatrix} 2 & 1 \\ 1 & 1 \end{pmatrix} = \begin{pmatrix} 5 & 3 \\ 3 & 2 \end{pmatrix} \in S_1S_2$$

이라면 적당한 정수 a, b, c, d가 존재하여

$$\begin{pmatrix} 5 & 3 \\ 3 & 2 \end{pmatrix} = \begin{pmatrix} a & b \\ 0 & a \end{pmatrix}\begin{pmatrix} c & 0 \\ d & c \end{pmatrix}$$

이다. 즉,

$$ac + bd = 5, \quad ad = bc = 3, \quad ac = 2$$

따라서

$$bd = 3, \quad bc = 3$$

이므로 $c = d$이다.

그런데 $ad = bc = 3$이므로 $a = b$이다.

따라서 식 $ac + bd = 5$으로부터 $2ac = 5$인데 이 식을 만족시키는 정수 a와 b는 존재하지

않으므로 모순이다. 즉,

$$\begin{pmatrix} 5 & 3 \\ 3 & 2 \end{pmatrix} = \begin{pmatrix} a & b \\ 0 & a \end{pmatrix} \begin{pmatrix} c & 0 \\ d & c \end{pmatrix}$$

를 만족시키는 정수 a, b, c, d가 존재하지 않으므로 $S_1 S_2$는 곱셈연산에 대하여 닫혀있지 않는다.

결과적으로 $S_1 S_2$는 R의 부분환이 아님을 알 수 있다.

연습문제

1. 다음에 주어진 집합이 환이 되도록 연산을 정의하시오.

(1) $\mathbb{Z}_{25}$ (2) $\mathbb{Z}\times\mathbb{R}$ (3) $\mathbb{Z}_{10}\times\mathbb{Z}$ (4) $M_n(\mathbb{Z}_3)$

2. 다음에 주어진 집합이 함수의 덧셈연산과 곱셈연산에 대하여 환임을 증명하시오.

$$R=\{f\mid f:[1,5]\to\mathbb{R}\text{ 는 연속함수}\}$$

3. 다음에 주어진 환이 곱셈에 대한 항등원이 존재하는지 판정하고 이를 증명하시오.

(1) $2\mathbb{Z}$ (2) $\mathbb{Z}_5$ (3) $\mathbb{Z}\times\mathbb{R}$

(4) $\mathbb{Z}_{10}\times\mathbb{Z}$ (5) $M_n(\mathbb{Z}_3)$

4. 다음에 주어진 환 R에 속하는 원소 a가 단원인지 판정하고 만일 단원이라면 a^{-1}를 구하고 단원이 아니면 이를 증명하시오.

(1) $R=\mathbb{Z},\quad a=20$ (2) $R=\mathbb{Z}_{15},\quad a=4$

(3) $R=\mathbb{Z}[\sqrt{7}],\quad a=1+\sqrt{7}$ (4) $R=\mathbb{Z}[i],\quad a=1+2i$

(5) $R=\mathbb{R}[x],\quad a=x^5-x^4+3x^2+2x-10$

(6) $R=\{f\mid f:\mathbb{R}\to\mathbb{R}\text{ 는 연속함수이다}\},\quad a=g,\ \ g(x)=2x\ \ (x\in\mathbb{R})$

5. 다음에 주어진 환 R에 대하여 집합 S가 R의 부분환이 되는지 판정하고 이를 증명하시오.

(1) $R=\mathbb{C},\quad S=12\mathbb{Z}$ (2) $R=\mathbb{R},\quad S=\mathbb{Z}_{15}$

(3) $R=\mathbb{Z}\times\mathbb{Z},\quad S=5\mathbb{Z}\times\mathbb{Z}$ (4) $R=\mathbb{Z}[x],\quad S=\mathbb{R}[x]$

CHAPTER

2

정역

(Integral Domains)

이 장에서는 정역에 대한 정의 및 기본적인 성질들에 대하여 살펴본다.

정의

가환환 R에 속하는 0이 아닌 원소 a에 대하여 적당한 원소 $b \neq 0 \in R$가 존재하여 $ab = 0$이면 원소 a를 **영인자(zero divisor)**라고 한다.

참고 1. 환 R이 가환환이 아닌 경우에 영인자를 다음과 같이 정의하기도 한다.
원소 $a \neq 0 \in R$에 대하여 적당한 원소 $b \neq 0 \in R$가 존재하여 $ab = 0$이면 원소 a를 좌영인자(left zero divisor)라 한다.
원소 $a \neq 0 \in R$에 대하여 적당한 원소 $b \neq 0 \in R$가 존재하여 $ba = 0$이면 원소 a를 우영인자(right zero divisor)라 한다.
2. 원소 0을 영인자에 포함시키는 경우도 있다.

예제 가환환 $\mathbb{Z}$에 속하는 원소 3에 대하여 $3n = 0$을 만족시키는 영이 아닌 정수 n은 존재하지 않는다. 따라서 원소 3은 영인자가 아니다.

실제로 $\mathbb{Z}$에 속하는 정수 $a \neq 0$에 대하여

$$a \times m = 0$$

이라고 가정하면 $m = 0$이므로 임의의 정수 $a \neq 0$는 모두 영인자가 될 수 없다.

예제 가환환 $\mathbb{Z}_{12}$에 속하는 원소 3에 대하여 적당한 원소 $4 \neq 0 \in \mathbb{Z}_{12}$가 존재하여

$$3 \times 4 = 0$$

이다. 따라서 원소 3은 영인자이다.

예제 소수 p에 대하여 $\mathbb{Z}_p = \{0, 1, 2, \cdots, p-1\}$에 속하는 두 원소 a와 b에 대하여 $ab = 0$이라고 가정하면 $p \mid ab$이므로

$$p \mid a \quad \text{또는} \quad p \mid b$$

이다. 따라서

$$a=0 \quad \text{또는} \quad b=0$$

이다. 따라서 가환환 $\mathbb{Z}_p$에 속하는 영인자는 존재하지 않는다.

예제 가환환 $R=\{f \mid f:\mathbb{R}\to\mathbb{R}$ 는 연속함수이다$\}$에 대하여 다음과 같이 정의된 함수 $g:\mathbb{R}\to\mathbb{R}$ 를 택하자.

$$g(x)=\begin{cases} 0, & x\le 0 \\ x, & x\ge 0 \end{cases}$$

그러면 g는 영함수가 아니고 $g\in R$이다.

만일 함수 $h:\mathbb{R}\to\mathbb{R}$ 를

$$h(x)=\begin{cases} x, & x\le 0 \\ 0, & x\ge 0 \end{cases}$$

로 정의하면 h는 영함수가 아니고 $h\in R$이다.

또한 $x\le 0$인 임의의 실수 x에 대하여

$$g(x)h(x)=0\times x=0$$

이고 $x\ge 0$인 임의의 실수 x에 대하여

$$g(x)h(x)=x\times 0=0$$

이다. 따라서 모든 실수 x에 대하여 $g(x)h(x)=0$이다.

즉, 영함수가 아닌 적당한 함수 $h\in R$가 존재하여 gh는 영함수이다.

그러므로 결과적으로 g는 영인자이다.

예제 R_1과 R_2는 각각 $\{0_{R_1}\}\subsetneq R_1$이고 $\{0_{R_2}\}\subsetneq R_2$를 만족시키는 가환환이다. 원소 $c\neq 0_{R_1}\in R_1$에 대하여 원소 $(c,0_{R_2})\in R_1\times R_2$를 택하면 적당한 원소 $d\neq 0_{R_2}\in R_2$가 존재하여 $(0_{R_1},d)\neq(0_{R_1},0_{R_2})\in R_1\times R_2$이고

$$(c,0_{R_2})(0_{R_1},d)=(0_{R_1},0_{R_2})$$

이다. 따라서 원소 $(c,0_{R_2})$는 영인자이다.

예제 가환환 $\mathbb{Z}[x]$에 대하여 원소 $f(x)\neq 0\in\mathbb{Z}[x]$를 택하고 $f(x)$의 최고차

항을 $a_n x^n$이라고 놓자. 그러면 임의의 원소 $g(x) \neq 0 \in \mathbb{Z}[x]$에 대하여 $g(x)$의 최고차항을 $b_m x^m$이라고 놓으면 $a_n b_m \neq 0$이므로 $f(x)g(x)$의 x^{n+m}항은 $a_n b_m x^{n+m} \neq 0$이다. 따라서 $f(x)g(x) \neq 0$이므로 결과적으로 $\mathbb{Z}[x]$에 속하는 0이 아닌 임의의 원소 $f(x)$는 영인자가 아니다.

예제 가환환 $\mathbb{Z}[i]$에 대하여 원소 $n+mi \neq 0 \in \mathbb{Z}[i]$를 택하자. 그러면 임의의 원소 $a+bi \neq 0 \in \mathbb{Z}[i]$에 대하여 $(n+mi)(a+bi) \neq 0$이다.

따라서 $\mathbb{Z}[i]$에 속하는 0이 아닌 임의의 원소 $n+mi$는 영인자가 아니다.

예제 가환환 $\mathbb{Z}[\sqrt{5}]$에 대하여 원소 $n+m\sqrt{5} \neq 0 \in \mathbb{Z}[\sqrt{5}]$를 택하자. 그러면 임의의 원소 $a+b\sqrt{5} \neq 0 \in \mathbb{Z}[\sqrt{5}]$에 대하여 $(n+m\sqrt{5})(a+b\sqrt{5}) \neq 0$이다.

따라서 $\mathbb{Z}[\sqrt{5}]$에 속하는 0이 아닌 임의의 원소 $n+m\sqrt{5}$는 영인자가 아니다.

정의

단위원이 존재하는 가환환 R이 영인자를 포함하지 않으면 R을 **정역(integral domain)**이라 한다.

참고 단위원이 존재하는 가환환 R에 속하는 임의의 두 원소 a와 b에 대하여 다음 명제가 참이면 R은 정역이다.

$$\text{"}ab = 0 \quad \Rightarrow \quad a = 0 \text{ 또는 } b = 0\text{"}$$

예제 환 $\mathbb{Z}$는 단위원 1을 포함하는 가환환이다.

또한 임의의 두 원소 $m, n \in \mathbb{Z}$에 대하여

$$\text{"}mn = 0 \quad \Rightarrow \quad m = 0 \text{ 또는 } n = 0\text{"}$$

을 만족시키므로 $\mathbb{Z}$는 정역이다.

예제 환 $5\mathbb{Z}$는 가환환이고 임의의 두 원소 $5m, 5n \in 5\mathbb{Z}$에 대하여

$$\text{"}(5m)(5n) = 0 \quad \Rightarrow \quad 5m = 0 \text{ 또는 } 5n = 0\text{"}$$

을 만족시킨다. 그런데 $5\mathbb{Z}$는 단위원 1을 포함하지 않으므로 정역이 아니다.

예제 환 $\mathbb{R}^n$은 단위원 $(1,1,\cdots,1)$을 포함하는 가환환이다. 그런데 두 원소

$$(1,0,\cdots,0) \neq (0,0,\cdots,0), \qquad (0,1,0,\cdots,0) \neq (0,0,\cdots,0)$$

을 택하면

$$(1,0,\cdots,0)(0,1,0,\cdots,0) = (0,0,\cdots,0)$$

이므로 원소 $(1,0,\cdots,0)$는 영인자이다.

따라서 $\mathbb{R}^n$은 정역이 아니다.

예제 체 F에 대하여 환 $M_{n\times n}(F)$는 가환환이 아니므로 정역이 아니다.

예제 환 $\mathbb{Z}_{12}$는 단위원 1을 포함하는 가환환이다. 그런데 원소 3을 택하면 원소 $4 \neq 0 \in \mathbb{Z}_{12}$가 존재하여 $3\times 4 = 0$이므로 3은 영인자이다.

따라서 환 $\mathbb{Z}_{12}$는 정역이 아니다.

예제 소수 p에 대하여 $\mathbb{Z}_p$는 단위원 1을 포함하는 가환환이다. 또한 임의의 두 원소 $m,n \in \mathbb{Z}_p$에 대하여

$$\text{“}mn = 0 \;\Rightarrow\; m = 0 \text{ 또는 } n = 0\text{”}$$

을 만족시키므로 $\mathbb{Z}_p$는 영인자를 포함하지 않는다.

따라서 $\mathbb{Z}_p$는 정역이다.

예제 환 $R = \{f \mid f : \mathbb{R} \to \mathbb{R}$ 는 연속함수이다$\}$은 함수

$$h : \mathbb{R} \to \mathbb{R}, \qquad h(x) = 1 \qquad (x \in \mathbb{R})$$

를 단위원으로 갖는 가환환이다.

가환환 R에 속하는 두 함수 f와 g를 다음과 같이 정의하자.

$$f(x) = \begin{cases} 0, & x \leq 0 \\ x, & x \geq 0 \end{cases}, \qquad g(x) = \begin{cases} x, & x \leq 0 \\ 0, & x \geq 0 \end{cases}$$

그러면 모든 실수 x에 대하여 $f(x)g(x)=0$이고 f와 g는 모두 영함수가 아니므로 f는 영인자이다.

따라서 R은 정역이 아니다.

예제 환 R_1과 R_2가 각각 단위원 1_{R_1}과 1_{R_2}를 갖는 가환환일 때 환 $R_1 \times R_2$는 단위원 $(1_{R_1}, 1_{R_2})$를 갖는 가환환이지만 두 원소 $(1_{R_1}, 0_{R_2})$와 $(0_{R_1}, 1_{R_2})$에 대하여

$$(1_{R_1}, 0_{R_2})(0_{R_1}, 1_{R_2}) = (0_{R_1}, 0_{R_2})$$

이고

$$(1_{R_1}, 0_{R_2}) \neq (0_{R_1}, 0_{R_2}), \qquad (0_{R_1}, 1_{R_2}) \neq (0_{R_1}, 0_{R_2})$$

이므로 환 $R_1 \times R_2$는 영인자 $(1_{R_1}, 0_{R_2})$를 포함한다.

즉, $R_1 \times R_2$는 정역이 아니다.

예제 환 $\mathbb{Z}[x]$는 단위원 1을 포함하는 가환환이다.

또한 임의의 두 원소 $f(x), g(x) \in \mathbb{Z}[x] - \{0\}$를 택하면

$$f(x)g(x) \neq 0$$

이므로 $\mathbb{Z}[x]$는 영인자를 포함하지 않는 가환환이다.

따라서 $\mathbb{Z}[x]$는 정역이다.

예제 $\mathbb{Z}[i] = \{n + mi \mid n, m \in \mathbb{Z}\}$는 단위원 1을 포함하는 가환환이다.

또한 임의의 두 원소 $n + mi$, $a + bi \in \mathbb{Z}[i] - \{0\}$를 택하면

$$(n + mi)(a + bi) \neq 0$$

이므로 $\mathbb{Z}[i]$는 영인자를 포함하지 않는 가환환이다.

따라서 $\mathbb{Z}[i]$는 정역이다.

예제 $\mathbb{Z}[\sqrt{5}] = \{n + m\sqrt{5} \mid n, m \in \mathbb{Z}\}$는 단위원 1을 포함하는 가환환이다.

또한 임의의 두 원소 $n + m\sqrt{5}$, $a + b\sqrt{5} \in \mathbb{Z}[\sqrt{5}] - \{0\}$를 택하면

$$(n + m\sqrt{5})(a + b\sqrt{5}) \neq 0$$

이므로 $\mathbb{Z}[\sqrt{5}]$는 영인자를 포함하지 않는 가환환이다.

따라서 $\mathbb{Z}[\sqrt{5}]$는 정역이다.

정리

환 R이 정역이고 원소의 개수가 유한이면 R은 체이다.

증명 환 R의 원소의 개수를 n이라 놓고 $R=\{a_1, a_2, \cdots, a_n\}$이라 가정하자.
환 R이 체임을 증명하기 위하여 임의의 원소 $a \neq 0 \in R$가 단원임을 보이자.
집합

$$aR=\{aa_1, aa_2, \cdots, aa_n\}$$

에 속하는 두 원소 aa_i와 aa_j에 대하여

$$aa_i = aa_j$$

라고 가정하면

$$a(a_i - a_j) = 0$$

이다. 그런데 R은 정역이고 $a \neq 0$이므로

$$a_i = a_j$$

이다.
즉, 집합 aR에 속하는 원소들은 모두 서로 다르다.
따라서 aR에 속하는 원소의 개수는 n이다.
그런데 $aR \subset R$이므로

$$aR=R$$

이다. 그런데 $1 \in R$이므로 $1 \in aR$이고 $aa_k = 1$인 k가 존재한다.
따라서

$$a^{-1} = a_k$$

이므로 a는 단원이다. 결과적으로 R은 체이다. ▣

예제 소수 p에 대하여 $\mathbb{Z}_p$는 p개의 원소를 갖는 정역이므로 $\mathbb{Z}_p$는 체이다.

정의

환 R에 속하는 원소 a에 대하여 적당한 자연수 n이 존재하여 $a^n = 0_R$이면 원소 a를 **멱영원(nilpotent element)**이라고 한다.

예제 환 $\mathbb{Z}$에 속하는 원소 a가 멱영원이라고 가정하자. 그러면 적당한 자연수 n이 존재하여 $a^n = 0$이므로 $a = 0$이다.

따라서 환 $\mathbb{Z}$에 속하는 멱영원은 0뿐이다.

예제 환 $\mathbb{R}^m$에 속하는 원소 $(a_1, a_2, \cdots, a_m)$이 멱영원이면 적당한 자연수 n이 존재하여

$$(a_1, a_2, \cdots, a_m)^n = (0, 0, \cdots, 0)$$

이다. 따라서

$$(a_1^n, a_2^n, \cdots, a_m^n) = (0, 0, \cdots, 0)$$

이므로

$$a_i = 0, \qquad i = 1, 2, \cdots, m$$

이다. 그러므로 환 $\mathbb{R}^m$에 속하는 멱영원은 $(0, 0, \cdots, 0)$뿐이다.

예제 환 $M_{2\times 2}(\mathbb{R})$에 속하는 원소 $A = \begin{pmatrix} 0 & 1 \\ 0 & 0 \end{pmatrix}$에 대하여 $A^2 = \begin{pmatrix} 0 & 0 \\ 0 & 0 \end{pmatrix}$이므로 A는 멱영원이다.

예제 환 $\mathbb{Z}_6$에 속하는 원소 2가 멱영원이라고 가정하면 $2^n = 0$을 만족시키는 자연수 n이 존재한다. 따라서 $2^n = 6t$인 정수 t가 존재하므로 $2^{n-1} = 3t$이다. 그러므로 3은 2^{n-1}의 약수이다. 그런데 이는 모순이므로 원소 2는 멱영원이 아니다.

예제 환 $R = \{f \mid f : \mathbb{R} \to \mathbb{R}$ 는 연속함수이다$\}$에 속하는 함수 f를 멱영원이라고 가정하자. 그러면 적당한 자연수 n이 존재하여 $f^n = 0$이므로 모든 원소 $x \in \mathbb{R}$에

대하여 $f(x)^n = 0$이다. 그러므로

$$f(x) = 0, \qquad x \in \mathbb{R}$$

이다. 따라서 f는 영함수이다.

결과적으로 환 R에 속하는 멱영원은 영함수뿐이다.

예제 환 R_1과 R_2에 대하여 정의되는 환 $R_1 \times R_2$에 속하는 원소 (a,b)가 멱영원이라고 가정하자. 그러면 적당한 자연수 n이 존재하여

$$(a,b)^n = (0_{R_1}, 0_{R_2})$$

이다. 따라서

$$a^n = 0_{R_1}, \qquad b^n = 0_{R_2}$$

이므로 원소 a와 b는 각각 R_1과 R_2의 멱영원이다.

역으로, 만일 원소 a와 b가 각각 R_1과 R_2의 멱영원이라고 가정하면

$$a^t = 0_{R_1}, \qquad b^s = 0_{R_2}$$

를 만족시키는 자연수 t와 s가 존재한다. 따라서

$$(a,b)^{ts} = (a^{ts}, b^{ts}) = (0_{R_1}, 0_{R_2})$$

이므로 (a,b)는 환 $R_1 \times R_2$의 멱영원이다.

결과적으로 원소 $(a,b) \in R_1 \times R_2$가 멱영원이기 위한 필요충분조건은 원소 a와 b가 각각 R_1과 R_2의 멱영원이 되는 것이다.

예제 환 $\mathbb{Z}[\sqrt{5}] = \{n + m\sqrt{5} \mid n, m \in \mathbb{Z}\}$에 속하는 원소 $n + m\sqrt{5}$가 멱영원이라고 가정하자. 그러면 $(n + m\sqrt{5})^t = 0$인 자연수 t가 존재하므로 $n + m\sqrt{5} = 0$이다. 따라서 환 $\mathbb{Z}[\sqrt{5}]$에 속하는 멱영원은 0뿐이다.

정의

환 R에 속하는 원소 a에 대하여 $a^2 = a$이면 a를 **멱등원(idempotent)**이라고 한다.

예제 환 $\mathbb{Z}$에 속하는 원소 n이 멱등원이라고 가정하면

$$n^2 = n$$

이므로 $n=0$ 또는 $n=1$이다.

즉, 환 $\mathbb{Z}$에 속하는 멱등원은 모두 다음과 같다.

$$0, \quad 1$$

예제 환 $\mathbb{R}^3$에 속하는 원소 (a_1, a_2, a_3)가 멱등원이라고 가정하면

$$(a_1, a_2, a_3)^2 = (a_1, a_2, a_3)$$

이다. 따라서

$$a_i^2 = a_i, \qquad i = 1,2,3$$

이므로

$$a_i = 0 \quad \text{또는} \quad a_i = 1, \qquad i = 1,2,3$$

이다. 즉, 환 $\mathbb{R}^3$에 속하는 멱등원은 모두 다음과 같다.

$$(0,0,0),\ (1,0,0),\ (0,1,0),\ (0,0,1),\ (1,1,0),\ (1,0,1),\ (0,1,1),\ (1,1,1)$$

예제 환 $M_{2\times 2}(\mathbb{R})$에 속하는 원소 $A = \begin{pmatrix} 1 & 1 \\ 0 & 0 \end{pmatrix}$에 대하여 $A^2 = A$이므로 A는 멱등원이다.

예제 환 $\mathbb{Z}_6$에 속하는 원소 3에 대하여 $3^2 = 3$이므로 3은 멱등원이다.

예제 환 $R = \{f \mid f : \mathbb{R} \to \mathbb{R}$ 는 연속함수이다$\}$에 속하는 함수 f가 멱등원이라고 가정하자. 그러면

$$f^2 = f$$

이므로

$$f(x)^2 = f(x), \qquad x \in \mathbb{R}$$

이다. 따라서 환 R에 속하는 멱등원은 모두 다음과 같다.

$$f(x) = 0, \qquad x \in \mathbb{R}$$
$$f(x) = 1, \qquad x \in \mathbb{R}$$

예제 환 R_1과 R_2에 대하여 정의되는 환 $R_1 \times R_2$에 속하는 원소 (a,b)가 멱등원이라고 가정하자. 그러면

$$(a,b)^2 = (a,b)$$

이므로

$$a^2 = a, \qquad b^2 = b$$

이다. 따라서 a와 b는 각각 R_1과 R_2의 멱등원이다.

역으로 a와 b가 각각 R_1과 R_2의 멱등원이라 가정하면

$$a^2 = a, \qquad b^2 = b$$

이므로

$$(a,b)^2 = (a^2, b^2) = (a,b)$$

이다. 따라서 (a,b)는 환 $R_1 \times R_2$의 멱등원이다.

결과적으로 원소 (a,b)가 환 $R_1 \times R_2$의 멱등원이기 위한 필요충분조건은 a와 b가 각각 R_1과 R_2의 멱등원이 되는 것이다.

예제 환 $\mathbb{Z}[\sqrt{5}] = \{n + m\sqrt{5} \mid n, m \in \mathbb{Z}\}$에 속하는 원소 $n + m\sqrt{5}$가 멱등원이라고 가정하자. 그러면

$$(n + m\sqrt{5})^2 = n + m\sqrt{5}$$

이므로

$$n^2 + 5m^2 = n, \qquad 2nm = m$$

이다. 만일 $m \neq 0$이라면 $n = \dfrac{1}{2}$가 되어 모순이므로 $m = 0$이다.

따라서 $n^2 = n$으로부터 $n = 0$ 또는 $n = 1$이다.

결과적으로 환 $\mathbb{Z}[\sqrt{5}]$에 속하는 멱등원은 모두 다음과 같다.

$$0, \quad 1$$

정의

환 R에 대하여 자연수

$$t = \min\{n \in \mathbb{N} \mid \text{모든 원소 } a \in R\text{에 대하여 } na = 0_R\}$$

가 존재하면 t를 환 R의 **표수(characteristic)**라고 한다.

만일, 모든 원소 $a \in R$에 대하여 $na = 0_R$을 만족하는 자연수 n이 존재하지 않으면 환 R의 표수는 0이라고 한다.

일반적으로 환 R의 표수를 $char(R)$로 나타낸다.

참고 환 R에 속하는 적당한 원소 a가 존재하여 임의의 자연수 n에 대하여 $na \neq 0_R$이면 $char(R) = 0$이다.

예제 환 $\mathbb{Z}$에 속하는 원소 1을 택하면 임의의 자연수 n에 대하여 $n \times 1 \neq 0$이다. 따라서 $char(\mathbb{Z}) = 0$이다.

마찬가지 이유로 $char(\mathbb{Q}) = 0$이고 $char(\mathbb{R}) = 0$이다.

예제 환 $\mathbb{R}^3$에 속하는 원소 $(1,0,0)$를 택하면 임의의 자연수 n에 대하여

$$n(1,0,0) \neq (0,0,0)$$

이다. 따라서 $char(\mathbb{R}^3) = 0$이다.

예제 환 $M_{2\times 2}(\mathbb{R})$에 속하는 원소 $A = \begin{pmatrix} 1 & 1 \\ 0 & 0 \end{pmatrix}$를 택하면 임의의 자연수 n에 대하여

$$nA = \begin{pmatrix} n & n \\ 0 & 0 \end{pmatrix} \neq \begin{pmatrix} 0 & 0 \\ 0 & 0 \end{pmatrix}$$

이다. 따라서 $char(M_{2\times 2}(\mathbb{R})) = 0$이다.

예제 환 $\mathbb{Z}_6$에 속하는 임의의 원소 a에 대하여 $6 \times a = 0$이다.

또한 $n < 6$인 자연수 n에 대하여 적당한 원소 $1 \in \mathbb{Z}_6$가 존재하여 $n \times 1 \neq 0$이므로

$$6=\min\{n\in \mathbb{N} \mid \text{모든 원소 } a\in \mathbb{Z}_6\text{에 대하여 } na=0\}$$

이다. 따라서 $char(\mathbb{Z}_6)=6$이다.

예제 환 $R=\{f \mid f:\mathbb{R}\to\mathbb{R}$ 는 연속함수이다$\}$에 속하는 원소

$$g:\mathbb{R}\to\mathbb{R},\quad g(x)=1,\quad x\in\mathbb{R}$$

를 택하면 임의의 자연수 n에 대하여

$$(ng)(x)=n\neq 0,\qquad x\in\mathbb{R}$$

이다. 따라서 임의의 자연수 n에 대하여 ng는 영함수가 아니다.

그러므로 $char(R)=0$이다.

예제 환 $\mathbb{Z}_3\times\mathbb{Z}_4$에 속하는 임의의 원소 (a,b)에 대하여

$$12\,(a,b)=(12a,12b)=(0_{\mathbb{Z}_3},0_{\mathbb{Z}_4})$$

이다.

또한 $n<12$인 자연수 n에 대하여 원소 $(a,b)=(1_{\mathbb{Z}_3},1_{\mathbb{Z}_4})$를 택하면

$$n\,(a,b)=n(1_{\mathbb{Z}_3},1_{\mathbb{Z}_4})=(n,n)\neq(0_{\mathbb{Z}_3},0_{\mathbb{Z}_4})$$

이다. 따라서

$$12=\min\{n\in\mathbb{N} \mid \text{모든 원소 } (a,b)\in\mathbb{Z}_3\times\mathbb{Z}_4\text{에 대하여 } n(a,b)=(0_{\mathbb{Z}_3},0_{\mathbb{Z}_4})\}$$

이다.

그러므로 $char(\mathbb{Z}_3\times\mathbb{Z}_4)=12$이다.

예제 환 $\mathbb{Z}[\sqrt{5}]=\{n+m\sqrt{5} \mid n,m\in\mathbb{Z}\}$에 속하는 원소 1을 택하면 임의의 자연수 n에 대하여 $n\times 1\neq 0$이다. 따라서 $char(\mathbb{Z}[\sqrt{5}])=0$이다.

예제 환 $R=\mathbb{Z}\times\mathbb{Z}$에 속하는 원소 $(1,1)$을 택하면 임의의 자연수 n에 대하여 $n(1,1)\neq(0,0)$이다. 따라서 $char(\mathbb{Z}\times\mathbb{Z})=0$이다.

정리

환 S가 환 R의 부분환일 때 다음이 성립한다.

$$\text{“}char(S)=0 \quad \Rightarrow \quad char(R)=0\text{”}$$

증명 $char(S)=0$이므로 적당한 원소 $a \in S$가 존재하여 모든 자연수 n에 대하여 $na \neq 0$이다. 그런데 $S \subset R$이므로 적당한 원소 $a \in R$가 존재하여 모든 자연수 n에 대하여 $na \neq 0$이다. 결과적으로 $char(R)=0$이다. ▣

정리

환 S가 환 R의 부분환일 때 다음 명제는 거짓명제이다.

$$\text{“}char(R)=0 \quad \Rightarrow \quad char(S)=0\text{”}$$

예제 환 $R=\mathbb{Z} \times \mathbb{Z}_6$에 대하여 R의 부분집합 $S=\{0_{\mathbb{Z}}\} \times \mathbb{Z}_6$는 R의 부분환이다.

만일 원소 $(1_{\mathbb{Z}}, 0_{\mathbb{Z}_6}) \in R$를 택하면 모든 자연수 n에 대하여

$$n(1_{\mathbb{Z}}, 0_{\mathbb{Z}_6}) \neq (0_{\mathbb{Z}}, 0_{\mathbb{Z}_6})$$

이다. 따라서 $char(R)=0$이다.

그런데 임의의 원소 $(0_{\mathbb{Z}}, t) \in S$를 택하면

$$6(0_{\mathbb{Z}}, t)=(0_{\mathbb{Z}}, 0_{\mathbb{Z}_6})$$

이다.

한편 $m<6$인 자연수 m에 대하여 원소 $(0_{\mathbb{Z}}, 1_{\mathbb{Z}_6}) \in S$를 택하면 $m(0_{\mathbb{Z}}, 1_{\mathbb{Z}_6}) \neq (0_{\mathbb{Z}}, 0_{\mathbb{Z}_6})$이므로 $char(S)=6 \neq 0$이다.

결과적으로 다음 명제는 거짓명제이다.

$$\text{“}char(R)=0 \quad \Rightarrow \quad char(S)=0\text{”}$$ ▣

정리

단위원 1_R을 갖는 환 R에 대하여 다음이 성립한다.

(1) $char(R) \neq 0$이면 $char(R) = \min\{n \in \mathbb{N} \mid n1_R = 0_R\}$이다.

(2) $char(R) = 0$이면 모든 자연수 n에 대하여 $n1_R \neq 0$이다.

증명 (1) $char(R) = t \neq 0$이라고 가정하면 모든 원소 $a \in R$에 대하여 $ta = 0_R$이다. 그런데 $1_R \in R$이므로 $t1_R = 0_R$이다.

한편 $m < t$인 적당한 자연수 m이 존재하여 $m1_R = 0_R$이라면 모든 원소 $a \in R$에 대하여

$$ma = (m1_R)a = 0_R$$

이다. 이는 $char(R) = t$인 가정에 모순이므로

$$t = \min\{n \in \mathbb{N} \mid n1_R = 0_R\}$$

이다. 따라서 $char(R) \neq 0$이면 $char(R) = \min\{n \in \mathbb{N} \mid n1_R = 0_R\}$이다.

(2) $char(R) = 0$이라고 가정하고 만일 $n1_R = 0_R$을 만족시키는 적당한 자연수 n이 존재한다고 가정하자. 그러면 모든 원소 $a \in R$에 대하여

$$na = (n1_R)a = 0_R$$

이다. 따라서 $char(R) \neq 0$이다. 그런데 이는 가정에 모순이다.
결과적으로 $char(R) = 0$이면 모든 자연수 n에 대하여 $n1_R \neq 0_R$이다. ▣

예제 환 $R = \mathbb{Z}_6$에 대하여 $char(R) \neq 0$이므로

$$char(R) = \min\{n \in \mathbb{N} \mid n \times 1_{\mathbb{Z}_6} = 0_{\mathbb{Z}_6}\} = 6$$

예제 환 $R = M_{2\times 2}(\mathbb{Z}_2)$에 대하여 $char(R) \neq 0$이므로

$$char(R) = \min\{n \in \mathbb{N} \mid nI_2 = O_2\} = 2$$

예제 환 $R = \mathbb{Z}_3 \times \mathbb{Z}_4$에 대하여 $char(R) \neq 0$이므로

$$char(R) = \min\{n \in \mathbb{N} \mid n(1_{\mathbb{Z}_3}, 1_{\mathbb{Z}_4}) = (0_{\mathbb{Z}_3}, 0_{\mathbb{Z}_4})\} = 12$$

예제 환 $R = \mathbb{Z} \times \mathbb{Z}$에 대하여 $char(\mathbb{Z} \times \mathbb{Z}) = 0$이므로 모든 자연수 n에 대하여 $n(1,1) \neq (0,0)$이다.

정리

환 R이 정역이면 $char(R) = 0$ 또는 적당한 소수 p가 존재해서 $char(R) = p$이다.

증명 $char(R) = m \neq 0$이고 적당한 자연수 s, t에 대하여 $m = st$라고 가정하자. 그러면

$$0_R = m1_R = (st)1_R = (s1_R)(t1_R)$$

이다. 가정에 의하여 환 R이 정역이므로

$$s1_R = 0_R \qquad \text{또는} \qquad t1_R = 0_R$$

이다. 그런데 $m = \min\{n \in \mathbb{N} \mid n1_R = 0_R\}$이므로

$$m \le s \qquad \text{또는} \qquad m \le t$$

이다. 한편, $m = st$이므로

$$m = s \qquad \text{또는} \qquad m = t$$

이다. 결과적으로 m은 소수이다. ▣

예제 정역 $\mathbb{Z}$에 대하여 $char(\mathbb{Z}) = 0$이다.

예제 정역 $\mathbb{Z}_7$에 대하여 $char(\mathbb{Z}_7) = 7$이다.

예제 환 $\mathbb{Z}_{100}$에 대하여 $char(\mathbb{Z}_{100}) = 100 \neq 0$이고 100은 소수가 아니므로 $\mathbb{Z}_{100}$는 정역이 아니다.

정리

환 R에 대하여 $char(R) \neq 0$일 때 S가 R의 부분환이면 $char(S)$는 $char(R)$의 약수이다.

증명 $char(R) = t_1$이고 $char(S) = t_2$라고 가정하자. 그러면

$$t_1 a = 0_R, \qquad a \in R$$

이고 $S \subset R$이므로

$$t_1 b = 0_R, \qquad b \in S$$

이다. 따라서 $t_2 \leq t_1$이다.

또한 가정에 의하여 $char(R) = t_1 \neq 0$이므로

$$t_2 \neq 0$$

이다. 한편

$$t_1 = t_2 q + r, \qquad 0 \leq r < t_2$$

인 정수 q, r이 존재한다. 따라서 모든 원소 $b \in S$에 대하여

$$t_1 b = t_2 qb + rb$$

이다. 그런데 모든 원소 $b \in S$에 대하여

$$t_1 b = 0_R, \qquad t_2 qb = 0_R$$

이므로 $rb = 0_R$이다.

가정에 의하여 $char(S) = t_2$이고 $0 \leq r < t_2$이므로 $r = 0$이다.

결과적으로

$$t_1 = t_2 q$$

이므로 t_2는 t_1의 약수이다. ▣

예제 환 $\mathbb{Z}_6$와 부분환 $S = \{0, 3\}$에 대하여

$$char(\mathbb{Z}_6) = 6, \qquad char(S) = 2$$

이다. 따라서 $char(S)$는 $char(\mathbb{Z}_6)$의 약수이다.

연습문제

1. 다음에 주어진 환 R에 대하여 원소 $a \in R$이 영인자가 되는지 판정하고 이를 증명하시오.

(1) $R = 5\mathbb{Z}$, $a = 10$ (2) $R = \mathbb{Z}_{20}$, $a = 10$

(3) $R = \mathbb{Q}[x]$, $a = 10$ (4) $R = \mathbb{Q} \times \mathbb{R}$, $a = (10, 0)$

(5) $R = \{f \mid f : \mathbb{R} \to \mathbb{R}$ 는 상수함수이다$\}$, $a = g$, $g(x) = 10$ $(x \in \mathbb{R})$

2. 다음에 주어진 환 R에 속하는 원소 a가 멱영원인지 판정하고 이를 증명하시오.

(1) $R = \mathbb{Q}$, $a = 75$ (2) $R = \mathbb{Z}_{12}$, $a = 6$

(3) $R = \mathbb{Z}[x]$, $a = x^2 + 1$ (4) $R = M_{2\times 2}(\mathbb{R})$, $a = \begin{pmatrix} 0 & 1 \\ 0 & 1 \end{pmatrix}$

(5) $R = \mathbb{Q} \times \mathbb{R}$, $a = (1, 2)$ (6) $R = \mathbb{Z}_4 \times \mathbb{Z}_8$, $a = (2, 2)$

(7) $R = \{f \mid f : \mathbb{R} \to \mathbb{R}$ 는 연속함수이다$\}$, $a = g$, $g(x) = 2x$ $(x \in \mathbb{R})$

3. 다음에 주어진 환 R에 속하는 원소 a가 멱등원인지 판정하고 이를 증명하시오.

(1) $R = \mathbb{Q}$, $a = 12$ (2) $R = \mathbb{Z}_{10}$, $a = 6$

(3) $R = \mathbb{Z}[x]$, $a = 2x + 1$ (4) $R = M_{2\times 2}(\mathbb{Z})$, $a = \begin{pmatrix} 0 & 1 \\ 0 & 1 \end{pmatrix}$

(5) $R = \mathbb{Q} \times \mathbb{Z}_6$, $a = (1, 3)$ (6) $R = \mathbb{Z}_4 \times \mathbb{Z}_8$, $a = (3, 1_{\mathbb{Z}_8})$

(7) $R = \{f \mid f : \mathbb{R} \to \mathbb{R}$ 는 연속함수이다$\}$, $a = g$, $g(x) = x + 1$ $(x \in \mathbb{R})$

4. 다음에 주어진 환 R에 대하여 $char(R)$을 구하시오.

(1) $R = \mathbb{C}$ (2) $R = \mathbb{Z}_{10}$ (3) $R = \mathbb{Z}[x]$

(4) $R = M_{2\times 2}(\mathbb{Z})$ (5) $R = \mathbb{Q} \times \mathbb{Z}_6$ (6) $R = \mathbb{Z}_4 \times \mathbb{Z}_8$

5. 환 R과 R의 부분환 S에 대하여 다음 명제가 참 또는 거짓인지 판정하고 이를 증명하시오.

"$char(S) = n \neq 0$이면 $char(R) = n$이다."

CHAPTER

3

아이디얼

(Ideals)

이 장에서는 아이디얼을 정의하고 아이디얼의 기본적인 성질에 대하여 살펴본다.

정의

환 R의 부분집합 S가 다음 조건을 모두 만족시키면 S를 R의 **아이디얼(ideal)**이라고 한다.

(1) S는 R의 부분환이다.

(2) 임의의 원소 $r \in R$과 임의의 원소 $a \in S$에 대하여 $ra, ar \in S$이다.

예제 환 $\mathbb{Z}$는 환 $\mathbb{Q}$의 부분환이다.

그런데 원소 $\frac{1}{2} \in \mathbb{Q}$와 $3 \in \mathbb{Z}$를 택하면

$$\frac{1}{2} \times 3 = \frac{3}{2} \notin \mathbb{Z}$$

이므로 $\mathbb{Z}$는 $\mathbb{Q}$의 아이디얼이 아니다.

예제 양의 정수 n에 대하여 집합 $n\mathbb{Z}$는 $\mathbb{Z}$의 부분환이다.

또한 임의의 원소 $a \in n\mathbb{Z}$를 택하면 적당한 정수 s가 존재하여

$$a = ns$$

이다. 따라서 임의의 원소 $r \in \mathbb{Z}$에 대하여

$$ra = r(ns) = n(rs) \in n\mathbb{Z}$$

이다. 또한

$$ar = (ns)r = n(sr) \in n\mathbb{Z}$$

이다. 그러므로 $n\mathbb{Z}$는 $\mathbb{Z}$의 아이디얼이다.

예제 환 $\mathbb{Z}_{10}$의 부분환 $S = \{0, 5\}$에 대하여 $r \in \mathbb{Z}_{10}$일 때

$$r \times 0 = 0 = 0 \times r,$$

$$r \times 5 = 0 = 5 \times r \quad \text{또는} \quad r \times 5 = 5 = 5 \times r$$

이다. 따라서 임의의 원소 $r \in \mathbb{Z}_{10}$과 $a \in S$에 대하여

$$ra = ar \in S$$

이다. 그러므로 S는 $\mathbb{Z}_{10}$의 아이디얼이다.

예제 환 R_1과 환 R_2에 대하여 정의되는 환 $R = R_1 \times R_2$의 부분집합

$$S = \{0_{R_1}\} \times R_2 = \{(0_{R_1}, b) \mid b \in R_2\}$$

는 R의 부분환이다.

또한 S가 R의 아이디얼임을 다음과 같이 보일 수 있다.

임의의 원소 $r \in R$과 $a \in S$에 대하여 적당한 원소 $r_1 \in R_1$, $r_2 \in R_2$, $b \in R_2$가 존재하여

$$r = (r_1, r_2), \qquad a = (0_{R_1}, b)$$

이다. 따라서

$$ra = (r_1, r_2)(0_{R_1}, b) = (0_{R_1}, r_2 b)$$
$$ar = (0_{R_1}, b)(r_1, r_2) = (0_{R_1}, br_2)$$

이다. 그런데 $r_2 b, br_2 \in R_2$이므로 결과적으로

$$ra, ar \in S$$

이다. 즉, S는 R의 아이디얼이다.

예제 환 $R = \{f \mid f : \mathbb{R} \to \mathbb{R}$ 는 연속함수이다$\}$의 부분집합

$$S = \{f \mid f : \mathbb{R} \to \mathbb{R} \text{ 는 미분가능한 함수이다}\}$$

는 R의 부분환이다.

한편 다음과 같이 정의된 원소 $f \in R$, $g \in S$를 택하자.

$$f(x) = \begin{cases} x, & x \geq 0 \\ -x, & x \leq 0 \end{cases}$$
$$g(x) = 1, \qquad x \in \mathbb{R}$$

그러면

$$f(x)g(x) = f(x), \qquad x \in \mathbb{R}$$

이므로 $fg = f$이다.

그런데 $f \notin S$이므로

$$fg \notin S$$

이다. 따라서 S는 R의 아이디얼이 아니다.

예제 환 $\mathbb{R}[x]$의 부분집합 $\mathbb{Z}[x]$는 $\mathbb{R}[x]$의 부분환이다.

그런데 원소 $\sqrt{2} \in \mathbb{R}[x]$와 $3x \in \mathbb{Z}[x]$를 택하면

$$\sqrt{2} \times 3x = 3\sqrt{2}\,x \notin \mathbb{Z}[x]$$

이다. 따라서 $\mathbb{Z}[x]$는 $\mathbb{R}[x]$의 아이디얼이 아니다.

예제 환 $R = \mathbb{Z} \times \mathbb{Z}$의 부분집합 $S = 3\mathbb{Z} \times 5\mathbb{Z}$는 R의 부분환이다.

또한 임의의 원소 $r \in R$과 $a \in S$를 택하면 적당한 원소 $m, n, s, t \in \mathbb{Z}$가 존재하여

$$r = (m, n), \qquad a = (3s, 5t)$$

이다. 그런데

$$ra = (m, n)(3s, 5t) = (3ms, 5nt)$$

이고 $ra = ar$이므로 $ra, ar \in S$이다.

따라서 S는 R의 아이디얼이다.

정리

단위원 1_R을 포함하는 환 R의 아이디얼 S에 대하여 $1_R \in S$이면 $S = R$이다.

증명 S가 R의 아이디얼이므로 $S \subset R$이다.

한편, $1_R \in S$이므로 모든 원소 $r \in R$에 대하여

$$r = r1_R \in S$$

이다. 따라서 $R \subset S$이므로 결과적으로 $S = R$이다. ▣

예제 단위원 1을 포함하는 환 $\mathbb{Z}$의 부분집합 S가 환 $\mathbb{Z}$의 아이디얼이라고 가정하자. 그러면 적당한 정수 $n \geq 0$이 존재하여 $S = n\mathbb{Z}$이다.

만일 $1 \in S$이라면 $1 = nm$을 만족시키는 정수 $m \in \mathbb{Z}$이 존재한다.

따라서 $n = 1$이므로 $S = \mathbb{Z}$이다.

정리

집합 S가 체 R의 아이디얼이면 $S = \{0_R\}$ 또는 $S = R$이다.

증명 $S \neq \{0_R\}$이라고 가정하면 적당한 원소 $a \neq 0_R \in S$가 존재한다.

가정에 의하여 R이 체이므로 $a^{-1} \in R$이고 S가 체 R의 아이디얼이므로

$$1_R = a^{-1}a \in S$$

이다. 따라서 임의의 원소 $r \in R$에 대하여

$$r = r1_R \in S$$

이므로 $S = R$이다.

결과적으로 S가 체 R의 아이디얼이면 $S = \{0_R\}$ 또는 $S = R$이다. ▣

예제 $\mathbb{Q}$는 체이므로 집합 S가 $\mathbb{Q}$의 아이디얼이면 $S = \{0\}$ 또는 $S = \mathbb{Q}$이다.

예제 $\mathbb{Z}_5$는 체이므로 집합 S가 $\mathbb{Z}_5$의 아이디얼이면 $S = \{0\}$ 또는 $S = \mathbb{Z}_5$이다.

정리

환 R의 부분집합 S가 다음 두 조건을 모두 만족시키면 S는 R의 아이디얼이다.

(1) $a - b \in S$

(2) $ra, ar \in S \qquad (a, b \in S,\ r \in R)$

증명 S가 두 조건 (1)과 (2)를 모두 만족시키면 임의의 원소 $a, b, r \in S$에 대하여

$$a - b \in S, \qquad ra, ar \in S$$

이다. 따라서 S는 R의 부분환이다.

또한 S는 조건 (2)를 만족시키므로 S는 R의 아이디얼이다. ▣

예제 $10\mathbb{Z}$는 환 $2\mathbb{Z}$의 부분집합이다. 또한 임의의 원소 $a, b \in 10\mathbb{Z}$를 택하면 적당한 정수 s와 t가 존재하여

$$a = 10s, \qquad b = 10t$$

이다. 따라서

$$a - b = 10s - 10t = 10(s - t)$$

이므로 $a - b \in 10\mathbb{Z}$이다.

한편 임의의 원소 $r \in 2\mathbb{Z}$을 택하면 적당한 정수 m이 존재하여 $r = 2m$이다. 따라서

$$ra = (2m)(10s) = 10(2ms) \in 10\mathbb{Z}$$

이고 $ra = ar$이므로 $ra, ar \in 10\mathbb{Z}$이다.

그러므로 $10\mathbb{Z}$는 $2\mathbb{Z}$의 아이디얼이다.

정리

환 R의 아이디얼 S_1과 S_2에 대하여 $S_1 \cap S_2$는 R의 아이디얼이다.

증명 우선 S_1과 S_2가 R의 아이디얼이므로 $S_1 \cap S_2$는 R의 부분집합이다.

또한 임의의 원소 $a, b \in S_1 \cap S_2$를 택하면 $a, b \in S_1$이고 $a, b \in S_2$이다. 그런데 S_1과 S_2는 R의 아이디얼이므로

$$a - b \in S_1 \quad \text{이고} \quad a - b \in S_2$$

이다. 따라서 $a - b \in S_1 \cap S_2$이다.

한편, 임의의 원소 $r \in R$을 택하면 S_1과 S_2는 R의 아이디얼이므로

$$ra, ar \in S_1 \quad \text{이고} \quad ra, ar \in S_2$$

이다. 따라서 $ra, ar \in S_1 \cap S_2$이다.

결과적으로 $S_1 \cap S_2$는 R의 아이디얼이다. ▣

예제 환 $\mathbb{Z}$의 아이디얼 $3\mathbb{Z}$와 $5\mathbb{Z}$에 대하여 $3\mathbb{Z}\cap 5\mathbb{Z}$는 $\mathbb{Z}$의 아이디얼이다. 한편,

$$3\mathbb{Z}\cap 5\mathbb{Z}=15\mathbb{Z}$$

이므로 $15\mathbb{Z}$는 $\mathbb{Z}$의 아이디얼이다.

예제 환 $R=\mathbb{Z}\times\mathbb{Z}$의 아이디얼 $S_1=3\mathbb{Z}\times 5\mathbb{Z}$와 $S_2=5\mathbb{Z}\times 2\mathbb{Z}$에 대하여 $S_1\cap S_2$는 R의 아이디얼이다. 한편,

$$S_1\cap S_2=15\mathbb{Z}\times 10\mathbb{Z}$$

이므로 $15\mathbb{Z}\times 10\mathbb{Z}$는 R의 아이디얼이다.

정리

환 R의 아이디얼 $S_1, S_2, \cdots, S_n$에 대하여 $\bigcap_{i=1}^{n} S_i$는 R의 아이디얼이다.

증명 임의의 원소 $a,b\in\bigcap_{i=1}^{n} S_i$ 에 대하여

$$a,b\in S_i,\qquad i=1,2,\cdots,n$$

이다. 그런데 모든 S_i는 R의 아이디얼이므로 임의의 원소 $r\in R$에 대하여

$$a-b,\, ra,\, ar\in S_i,\qquad i=1,2,\cdots,n$$

이다. 따라서

$$a-b,\, ra,\, ar\in\bigcap_{i=1}^{n} S_i$$

이므로 $\bigcap_{i=1}^{n} S_i$는 R의 아이디얼이다. ▣

예제 모든 자연수 n에 대하여 $n\mathbb{Z}$는 $\mathbb{Z}$의 아이디얼이다. 따라서 $\bigcap_{n=1}^{m} n\mathbb{Z}$는 $\mathbb{Z}$의 아이디얼이다.

정리

환 R에 대하여 다음 명제는 거짓명제이다.

"S_1과 S_2가 R의 아이디얼이면 $S_1 \cup S_2$는 R의 아이디얼이다."

예제 환 $R = \mathbb{Z}$의 아이디얼 $S_1 = 3\mathbb{Z}$와 $S_2 = 5\mathbb{Z}$을 택하자.

만일 $S_1 \cup S_2$가 R의 아이디얼이면 두 원소 $3, 5 \in 3\mathbb{Z} \cup 5\mathbb{Z}$에 대하여

$$3 - 5 = -2 \in 3\mathbb{Z} \cup 5\mathbb{Z}$$

이다. 그런데 $-2 \notin 3\mathbb{Z}$이고 $-2 \notin 5\mathbb{Z}$이므로 모순을 얻는다.

따라서 $3\mathbb{Z} \cup 5\mathbb{Z}$는 $\mathbb{Z}$의 아이디얼이 아니다.

정리

환 R의 아이디얼 S_1과 S_2에 대하여 $S_1 + S_2$는 R의 아이디얼이다.

증명 임의의 원소 $a, b \in S_1 + S_2$에 대하여

$$a = c_1 + c_2, \qquad b = d_1 + d_2$$

를 만족시키는 적당한 원소 $c_1, d_1 \in S_1$과 $c_2, d_2 \in S_2$가 존재한다.

그런데 S_1과 S_2는 R의 아이디얼이므로 임의의 원소 $r \in R$에 대하여

$$c_1 - d_1, rc_1, c_1 r \in S_1, \qquad c_2 - d_2, rc_2, c_2 r \in S_2$$

이다. 따라서

$$(c_1 - d_1) + (c_2 - d_2),\ rc_1 + rc_2,\ c_1 r + c_2 r \in S_1 + S_2$$

이고

$$(c_1 - d_1) + (c_2 - d_2) = a - b, \quad rc_1 + rc_2 = ra, \quad c_1 r + c_2 r = ar$$

이므로

$$a - b, ra, ar \in S_1 + S_2$$

이다. 그러므로 결과적으로 $S_1 + S_2$는 R의 아이디얼이다. ▣

예제 환 $\mathbb{Z}$의 아이디얼 $3\mathbb{Z}$와 $5\mathbb{Z}$에 대하여 $3\mathbb{Z}+5\mathbb{Z}$는 $\mathbb{Z}$의 아이디얼이다.

정리

환 R의 아이디얼 S_m, $m=1,2,\cdots,n$에 대하여 $S_1+S_2+\cdots+S_n$는 R의 아이디얼이다.

증명 임의의 원소 $a,b\in S_1+S_2+\cdots+S_n$에 대하여

$$a=c_1+c_2+\cdots+c_n,\qquad b=d_1+d_2+\cdots+d_n$$

을 만족시키는 적당한 원소 $c_m, d_m\in S_m$, $m=1,2,\cdots,n$가 존재한다.
그런데 모든 m에 대하여 S_m은 R의 아이디얼이므로 임의의 원소 $r\in R$에 대하여

$$c_m-d_m, rc_m, c_mr\in S_m,\qquad m=1,2,\cdots,n$$

이다. 그런데

$$a-b=(c_1-d_1)+(c_2-d_2)+\cdots+(c_n-d_n)$$
$$ra=rc_1+rc_2+\cdots+rc_n$$
$$ar=c_1r+c_2r+\cdots+c_nr$$

이므로

$$a-b, ra, ar\in S_1+S_2+\cdots+S_n$$

이다. 그러므로 $S_1+S_2+\cdots+S_n$는 R의 아이디얼이다. ▣

예제 모든 $m=1,2,\cdots,n$에 대하여 $m\mathbb{Z}$는 $\mathbb{Z}$의 아이디얼이다. 따라서

$$\mathbb{Z}+2\mathbb{Z}+\cdots+n\mathbb{Z}$$

는 $\mathbb{Z}$의 아이디얼이다.

정리

환 R에 대하여 다음은 거짓명제이다.

"S_1과 S_2가 환 R의 아이디얼이면 S_1S_2는 R의 아이디얼이다."

예제 환 $\mathbb{Z}[x]$의 부분집합 S_1과 S_2를 다음과 같이 놓자.

$$S_1 = \{2f_1(x) + xf_2(x) \mid f_1(x), f_2(x) \in \mathbb{Z}[x]\}$$
$$S_2 = \{3g_1(x) + xg_2(x) \mid g_1(x), g_2(x) \in \mathbb{Z}[x]\}$$

그러면 S_1과 S_2가 $\mathbb{Z}[x]$의 아이디얼이 됨을 다음과 같이 보일 수 있다.

임의의 원소 $f(x), g(x) \in S_1$를 택하면

$$f(x) = 2f_1(x) + xf_2(x), \qquad g(x) = 2g_1(x) + xg_2(x)$$

를 만족시키는 적당한 다항식 $f_1(x), f_2(x), g_1(x), g_2(x) \in \mathbb{Z}[x]$가 존재한다.

그런데 임의의 원소 $h(x) \in \mathbb{Z}[x]$에 대하여

$$f(x) - g(x) = 2\{f_1(x) - g_1(x)\} + x\{f_2(x) - g_2(x)\}$$
$$h(x)f(x) = 2h(x)f_1(x) + xh(x)f_2(x)$$
$$f(x)h(x) = 2f_1(x)h(x) + xf_2(x)h(x)$$

이고

$$f_1(x) - g_1(x),\ f_2(x) - g_2(x) \in \mathbb{Z}[x]$$
$$h(x)f_1(x),\ h(x)f_2(x),\ f_1(x)h(x),\ f_2(x)h(x) \in \mathbb{Z}[x]$$

이므로

$$f(x) - g(x),\ h(x)f(x),\ f(x)h(x) \in S_1$$

이다. 따라서 S_1은 환 $\mathbb{Z}[x]$의 아이디얼이다.

한편, 임의의 원소 $f(x), g(x) \in S_2$를 택하면

$$f(x) = 3f_3(x) + xf_4(x), \qquad g(x) = 3g_3(x) + xg_4(x)$$

를 만족시키는 적당한 다항식 $f_3(x), f_4(x), g_3(x), g_4(x) \in \mathbb{Z}[x]$가 존재한다.

그런데 임의의 원소 $k(x) \in \mathbb{Z}[x]$에 대하여

$$f(x) - g(x) = 3\{f_3(x) - g_3(x)\} + x\{f_4(x) - g_4(x)\}$$
$$k(x)f(x) = 3k(x)f_3(x) + xk(x)f_4(x)$$
$$f(x)k(x) = 3f_3(x)k(x) + xf_4(x)k(x)$$

이고

$$f_3(x)-g_3(x),\ f_4(x)-g_4(x) \in \mathbb{Z}[x]$$
$$k(x)f_3(x),\ k(x)f_4(x),\ f_3(x)k(x),\ f_4(x)k(x) \in \mathbb{Z}[x]$$

이므로

$$f(x)-g(x),\ k(x)f(x),\ f(x)k(x) \in S_2$$

이다. 따라서 S_2는 환 $\mathbb{Z}[x]$의 아이디얼이다.

결과적으로 $\mathbb{Z}[x]$의 부분집합 S_1과 S_2는 환 $\mathbb{Z}[x]$의 아이디얼이다.

이제 원소

$$2+x,\ x \in S_1, \qquad x,\ 3+x \in S_2$$

를 택하면

$$(2+x)x,\ x(3+x) \in S_1S_2$$

이다. 만일 S_1S_2가 R의 아이디얼이라고 가정하면

$$(2+x)x - x(3+x) \in S_1S_2$$

이므로 $-x \in S_1S_2$이다. 따라서

$$-x = h_1(x)h_2(x)$$

인 다항식 $h_i(x) \in S_i$, $i=1,2$가 존재한다.

그러므로 다음과 같은 2가지 경우를 생각할 수 있다.

(1) $\deg h_1(x)=0$ 이고 $\deg h_2(x)=1$

(2) $\deg h_1(x)=1$ 이고 $\deg h_2(x)=0$

우선 (1)의 경우에는

$$h_1(x)=1 \text{ 이고 } h_2(x)=-x$$

또는

$$h_1(x)=-1 \text{ 이고 } h_2(x)=x$$

이다. 따라서 $1 \in S_1$ 또는 $-1 \in S_1$이다. 그런데 이는 모순이다.

한편, (2)의 경우에는

$$h_1(x)=x \text{ 이고 } h_2(x)=-1$$

또는

$$h_1(x) = -x \text{ 이고 } h_2(x) = 1$$

이다. 따라서 $1 \in S_2$ 또는 $-1 \in S_2$이다. 그런데 이는 모순이다.

그러므로 (1)과 (2)의 경우 모두 모순을 얻는다.
결과적으로 S_1S_2는 $\mathbb{Z}[x]$의 아이디얼이 아니다.

정리

환 R의 아이디얼 S_1과 S_2에 대하여
$A = \left\{ \sum_{i=1}^{n} a_i b_i \mid a_i \in S_1,\ b_i \in S_2,\ i = 1, 2, \cdots, n,\ n \in \mathrm{N} \right\}$는 R의 아이디얼이다.

증명 집합 A에 속하는 임의의 원소 $\sum_{i=1}^{n} a_i b_i$, $\sum_{j=1}^{m} c_j d_j$를 택하면

$$\sum_{i=1}^{n} a_i b_i - \sum_{j=1}^{m} c_j d_j = \sum_{i=1}^{n+m} a_i b_i \qquad (\text{단, } a_{n+j} = -c_j,\ b_{n+j} = d_j,\quad j = 1, 2, \cdots, m)$$

이다. 따라서

$$\sum_{i=1}^{n} a_i b_i - \sum_{j=1}^{m} c_j d_j \in A$$

이다.
또한 임의의 원소 $r \in R$을 택하면 모든 i에 대하여 $ra_i \in S_1$이고 $b_i r \in S_2$이므로

$$r\left(\sum_{i=1}^{n} a_i b_i\right) = \sum_{i=1}^{n} (ra_i) b_i \in A$$
$$\left(\sum_{i=1}^{n} a_i b_i\right) r = \sum_{i=1}^{n} a_i (b_i r) \in A$$

이다. 그러므로 A는 R의 아이디얼이다. ▣

정리

환 R이 가환환일 때 임의의 원소 $a \in R$를 택하면 집합 $S=\{ra \mid r \in R\}$는 R의 아이디얼이다.

증명 임의의 원소 $b, c \in S$를 택하면

$$b = r_1 a, \qquad c = r_2 a$$

를 만족시키는 원소 $r_1, r_2 \in R$가 존재한다.

그런데 임의의 원소 $r \in R$에 대하여

$$r_1 - r_2,\ r_1 r \in R$$

이므로

$$b - c = (r_1 - r_2)a \in S$$

이고

$$rb = br = (r_1 a)r = (r_1 r)a \in S$$

이다. 따라서 집합 S는 R의 아이디얼이다. ▣

예제 환 $\mathbb{Z}$는 가환환이므로 임의의 원소 $n \in \mathbb{Z}$을 택하면 집합

$$S = \{r \times n \mid r \in \mathbb{Z}\} = n\mathbb{Z}$$

는 $\mathbb{Z}$의 아이디얼이다.

예제 환 $\mathbb{Q}$는 가환환이므로 원소 $2 \in \mathbb{Q}$를 택하면 집합

$$S = \{r \times 2 \mid r \in \mathbb{Q}\} = \mathbb{Q}$$

는 $\mathbb{Q}$의 아이디얼이다.

예제 환 $\mathbb{Z}_{10}$는 가환환이므로 원소 $4 \in \mathbb{Z}_{10}$를 택하면 집합

$$S = \{r \times 4 \mid r \in \mathbb{Z}_{10}\} = \{0, 2, 4, 6, 8\}$$

는 $\mathbb{Z}_{10}$의 아이디얼이다.

예제 환 $\mathbb{Q}\times\mathbb{Z}_3$는 가환환이므로 원소 $(1_{\mathbb{Q}}, 1_{\mathbb{Z}_3})\in\mathbb{Q}\times\mathbb{Z}_3$를 택하면 집합

$$\begin{aligned} S &= \left\{(r,s)(1_{\mathbb{Q}}, 1_{\mathbb{Z}_3}) \mid (r,s)\in\mathbb{Q}\times\mathbb{Z}_3\right\} \\ &= \left\{(r,s) \mid (r,s)\in\mathbb{Q}\times\mathbb{Z}_3\right\} \\ &= \mathbb{Q}\times\mathbb{Z}_3 \end{aligned}$$

는 $\mathbb{Q}\times\mathbb{Z}_3$의 아이디얼이다.

예제 환 $\mathbb{R}[x]$는 가환환이므로 원소 $x\in\mathbb{R}[x]$를 택하면 집합

$$S=\{rx \mid r\in\mathbb{R}[x]\}$$

는 $\mathbb{R}[x]$의 아이디얼이다.

예제 환 $\mathbb{Z}[i]$는 가환환이므로 원소 $i\in\mathbb{Z}[i]$를 택하면 집합

$$S=\{ri \mid r\in\mathbb{Z}[i]\}=\mathbb{Z}[i]$$

는 $\mathbb{Z}[i]$의 아이디얼이다.

정의

환 R이 단위원을 갖는 가환환이고 $a\in R$일 때 R의 아이디얼

$$S=\{ra \mid r\in R\}$$

를 $\langle a\rangle$로 나타낸다.

이때 $\langle a\rangle$를 a에 의하여 생성된 **주아이디얼(principal ideal** generated by a)이라고 한다.

예제 환 $\mathbb{Z}$는 단위원 1을 갖는 가환환이고 원소 $n\in\mathbb{Z}$에 의하여 생성된 주아이디얼은

$$\langle n\rangle=\{mn \mid m\in\mathbb{Z}\}=n\mathbb{Z}$$

예제 환 $\mathbb{Q}$는 단위원 1을 갖는 가환환이고 원소 $2 \in \mathbb{Q}$에 의하여 생성된 주아이디얼은 다음과 같다.

$$\langle 2 \rangle = \{ r \times 2 \mid r \in \mathbb{Q} \} = \mathbb{Q}$$

예제 환 $\mathbb{Z}_{10}$는 단위원 $1_{\mathbb{Z}_{10}}$을 갖는 가환환이고 원소 $4 \in \mathbb{Z}_{10}$에 의하여 생성된 주아이디얼은 다음과 같다.

$$\langle 4 \rangle = \{ a \times 4 \mid a \in \mathbb{Z}_{10} \} \equiv \{0,2,4,6,8\}$$

예제 환 $\mathbb{Q} \times \mathbb{Z}_3$는 단위원 $(1_{\mathbb{Q}}, 1_{\mathbb{Z}_3})$을 갖는 가환환이고 원소 $(1_{\mathbb{Q}}, 1_{\mathbb{Z}_3})$에 의하여 생성된 주아이디얼은 다음과 같다.

$$\begin{aligned}\langle (1_{\mathbb{Q}}, 1_{\mathbb{Z}_3}) \rangle &= \{ (r,s)(1_{\mathbb{Q}}, 1_{\mathbb{Z}_3}) \mid (r,s) \in \mathbb{Q} \times \mathbb{Z}_3 \} \\ &= \{ (r,s) \mid (r,s) \in \mathbb{Q} \times \mathbb{Z}_3 \} \\ &= \mathbb{Q} \times \mathbb{Z}_3\end{aligned}$$

예제 환 $\mathbb{R}[x]$는 단위원 1을 갖는 가환환이고 원소 $x \in \mathbb{R}[x]$에 의하여 생성된 주아이디얼은 다음과 같다.

$$\langle x \rangle = \{ rx \mid r \in \mathbb{R}[x] \}$$

예제 환 $\mathbb{Z}[i]$는 단위원 1을 갖는 가환환이고 원소 $i \in \mathbb{Z}[i]$에 의하여 생성된 주아이디얼은 다음과 같다.

$$\langle i \rangle = \{ ri \mid r \in \mathbb{Z}[i] \} = \mathbb{Z}[i]$$

정리

환 R이 단위원을 갖는 가환환이고 $a_i \in R$, $i = 1,2,\cdots,n$일 때 R의 부분집합

$$S = \left\{ \sum_{i=1}^{n} r_i a_i \mid r_i \in R,\ i = 1,2,\cdots,n \right\}$$

는 R의 아이디얼이다. 이때

$$S = \langle a_1, a_2, \cdots, a_n \rangle$$

으로 나타내고 $S = \langle a_1, a_2, \cdots, a_n \rangle$를 $a_1, a_2, \cdots, a_n$에 의하여 생성된 **아이디얼(ideal generated by** $a_1, a_2, \cdots, a_n$)이라고 한다.

증명 임의의 원소 $b, c \in S$에 대하여

$$b = \sum_{i=1}^{n} r_i a_i, \qquad c = \sum_{i=1}^{n} s_i a_i$$

인 원소 $r_i, s_i \in R$가 존재한다. 따라서

$$b - c = \sum_{i=1}^{n} (r_i - s_i) a_i$$

이고 $r_i - s_i \in R, \quad i = 1, 2, \cdots, n$이므로 $b - c \in S$이다.
또한 임의의 원소 $r \in R$에 대하여

$$rb = br = \left(\sum_{i=1}^{n} r_i a_i \right) r = \sum_{i=1}^{n} (r_i r) a_i$$

이고 $r_i r \in R, \quad i = 1, 2, \cdots, n$이므로 $rb, br \in S$이다.
그러므로 집합 S는 R의 아이디얼이다. ▣

예제 단위원을 갖는 환 $\mathbb{Z}$에 속하는 원소 $2, 3$에 의하여 생성된 $\mathbb{Z}$의 아이디얼은 다음과 같다.

$$\langle 2, 3 \rangle = \{ m \times 2 + n \times 3 \mid m, n \in \mathbb{Z} \} = \mathbb{Z}$$

예제 단위원을 갖는 환 $\mathbb{Q}$에 속하는 원소 $2, 3$에 의하여 생성된 $\mathbb{Q}$의 아이디얼은 다음과 같다.

$$\langle 2, 3 \rangle = \{ s \times 2 + t \times 3 \mid s, t \in \mathbb{Q} \} = \mathbb{Q}$$

예제 단위원을 갖는 가환환 $\mathbb{Z}_{10}$에 속하는 원소 $1, 3, 4$에 의하여 생성된 $\mathbb{Z}_{10}$의 아이디얼은 다음과 같다.

$$\langle 1, 3, 4 \rangle = \{ a \times 1 + b \times 3 + c \times 4 \mid a, b, c \in \mathbb{Z}_{10} \} = \mathbb{Z}_{10}$$

예제 단위원을 갖는 가환환 $\mathbb{Z}[x]$에 속하는 원소 $2, x$에 의하여 생성된 $\mathbb{Z}[x]$의 아이디얼은

$$\langle 2, x \rangle = \{f(x) \mid f(0)\text{는 짝수}\}$$

임을 다음과 같이 증명할 수 있다.

우선 $f(x) \in \langle 2, x \rangle$이면

$$f(x) = 2g(x) + xh(x)$$

을 만족시키는 다항식 $g(x), h(x) \in \mathbb{Z}[x]$가 존재하고

$$f(0) = 2g(0) + 0h(0) = 2g(0)$$

이므로 $f(0)$는 짝수이다. 따라서 $f(x) \in \{f(x) \mid f(0)\text{는 짝수}\}$이므로

$$\langle 2, x \rangle \subset \{f(x) \mid f(0)\text{는 짝수}\}$$

이다.

역으로 $f(x) \in \{f(x) \mid f(0)\text{는 짝수}\}$이면 $f(0)$가 짝수이므로

$$f(x) = 2m + xk(x)$$

를 만족시키는 정수 m과 다항식 $k(x) \in \mathbb{Z}[x]$가 존재한다.

따라서 $f(x) \in \langle 2, x \rangle$이므로

$$\{f(x) \mid f(0)\text{는 짝수}\} \subset \langle 2, x \rangle$$

이다. 결과적으로

$$\langle 2, x \rangle = \{f(x) \mid f(0)\text{는 짝수}\}$$

이 성립함을 알 수 있다.

예제 단위원을 갖는 가환환 $\mathbb{Z}[i]$에 속하는 원소 $2, i$에 의하여 생성된 $\mathbb{Z}[i]$의 아이디얼은

$$\langle 2, i \rangle = \mathbb{Z}[i]$$

임을 다음과 같이 증명할 수 있다.

우선 $a \in \langle 2, i \rangle$이면

$$a = 2b + ci$$

을 만족시키는 원소 $b, c \in \mathbb{Z}[i]$가 존재한다. 그런데 $2b + ci \in \mathbb{Z}[i]$이므로

$$\langle 2, i \rangle \subset \mathbb{Z}[i]$$

이다.

역으로 $\alpha \in \mathbb{Z}[i]$이면 $\alpha = m + ni$를 만족시키는 원소 $m, n \in \mathbb{Z}$이 존재한다. 그런데 적당한 원소 $m + ni, -n + mi \in \mathbb{Z}[i]$가 존재하여

$$\alpha = m + ni = 2(m + ni) + i(-n + mi)$$

이므로

$$\mathbb{Z}[i] \subset \langle 2, i \rangle$$

이다. 결과적으로

$$\langle 2, i \rangle = \mathbb{Z}[i]$$

가 성립함을 알 수 있다.

정의

가환환 R의 아이디얼 P가 다음 조건을 모두 만족시키면 P를 R의 **소아이디얼 (prime ideal)**이라 한다.

(1) $P \neq R$

(2) 임의의 두 원소 $a, b \in R$에 대하여 $ab \in P$이면 $a \in P$ 또는 $b \in P$이다.

예제 가환환 $\mathbb{Z}$의 아이디얼 $P = \langle 3 \rangle$가 $\mathbb{Z}$의 소아이디얼이 됨을 다음과 같이 증명할 수 있다.

(1) 만일 $1 \in P$이면 $1 = 3n$을 만족시키는 정수 n이 존재한다. 그런데 이는 모순이므로 $1 \notin P$이다. 따라서 $1 \in \mathbb{Z} - P$이므로 $P \neq \mathbb{Z}$이다.

(2) 임의의 두 원소 $a, b \in \mathbb{Z}$에 대하여 $ab \in P$라고 가정하자.
그러면 적당한 정수 m이 존재하여 $ab = 3m$이므로 $3 \mid ab$이다. 따라서 $3 \mid a$ 또는

$3|b$이다. 그러므로

$$a = 3s \quad \text{또는} \quad b = 3t$$

를 만족시키는 정수 s,t가 존재한다. 즉,

$$a \in P \quad \text{또는} \quad b \in P$$

이다.

결과적으로 $P = \langle 3 \rangle$은 성질 (1)과 (2)를 모두 만족시키므로 $P = \langle 3 \rangle$은 $\mathbb{Z}$의 소아이디얼이다.

예제 가환환 $\mathbb{Z}$의 아이디얼 $P = \langle 10 \rangle$은 $\mathbb{Z}$의 소아이디얼이 아님을 다음과 같이 증명할 수 있다.

가환환 $\mathbb{Z}$에 속하는 두 원소 2와 5에 대하여 $2 \times 5 \in P$이다.

만일 $2 \in P$라고 가정하면 적당한 정수 n이 존재하여 $2 = 10 \times n$이다. 그런데 이는 모순이므로 $2 \notin P$이다.

또한 만일 $5 \in P$라고 가정하면 적당한 정수 m이 존재하여 $5 = 10 \times m$이다. 이는 모순이므로 $5 \notin P$이다.

결과적으로 $2 \times 5 \in P$이지만 $2 \notin P$이고 $5 \notin P$이므로 $P = \langle 10 \rangle$은 $\mathbb{Z}$의 소아이디얼이 아니다.

예제 가환환 $2\mathbb{Z}$의 아이디얼 $P = 6\mathbb{Z}$가 $\mathbb{Z}$의 소아이디얼이 됨을 다음과 같이 증명할 수 있다.

(1) 만일 $2 \in P$이면 $2 = 6n$을 만족시키는 정수 n이 존재한다. 그런데 이는 모순이므로 $2 \notin P$이다. 따라서 $2 \in 2\mathbb{Z} - P$이므로 $P \neq 2\mathbb{Z}$이다.

(2) 임의의 두 원소 $a,b \in 2\mathbb{Z}$에 대하여 $ab \in P$라고 가정하자.
그러면 $ab = 6t$를 만족시키는 적당한 정수 t가 존재한다. 그런데 $a,b \in 2\mathbb{Z}$이므로 적당한 정수 m_1, m_2가 존재하여

$$a = 2m_1, \qquad b = 2m_2$$

이다. 따라서

$$2m_1 2m_2 = ab = 6t$$

이므로 $2m_1m_2 = 3t$이다. 그러므로

$$3 | m_1 \quad \text{또는} \quad 3 | m_2$$

이므로 $m_1 = 3s_1$ 또는 $m_2 = 3s_2$를 만족시키는 정수 s_1과 s_2가 존재한다. 즉,

$$a = 6s_1 \quad \text{또는} \quad b = 6s_2$$

이므로

$$a \in P \quad \text{또는} \quad b \in P$$

이다.

결과적으로 $P = 6\mathbb{Z}$가 성질 (1)과 (2)를 모두 만족시키므로 $P = 6\mathbb{Z}$는 $2\mathbb{Z}$의 소아이디얼이다.

예제 가환환 $\mathbb{Z}_2[x]$의 아이디얼 $P = \langle x^2 + 1 \rangle$은 $\mathbb{Z}_2[x]$의 소아이디얼이 아님을 다음과 같이 증명할 수 있다.

가환환 $\mathbb{Z}_2[x]$에 속하는 두 원소 $x+1$와 $x+1$에 대하여

$$(x+1)(x+1) = x^2 + 1 \in P$$

이다. 만일 $x+1 \in P$이라고 가정하면

$$x + 1 = (x^2 + 1)f(x)$$

를 만족시키는 다항식 $f(x) \in \mathbb{Z}_2[x]$가 존재한다. 그런데

$$\deg(x+1) = 1, \qquad \deg\{(x^2+1)f(x)\} \geq 2$$

이므로 모순을 얻는다. 따라서 $x + 1 \notin P$이다.

결과적으로 $P = \langle x^2 + 1 \rangle$은 $\mathbb{Z}_2[x]$의 소아이디얼이 아님을 알 수 있다.

예제 가환환 $\mathbb{Z}[x]$의 아이디얼 $P = \langle x \rangle$가 $\mathbb{Z}[x]$의 소아이디얼이 됨을 다음과 같이 보일 수 있다.

(1) 명백히 $1 \in \mathbb{Z}[x]$이다.

만일 $1 \in P$이면 $1 = xf(x)$를 만족시키는 원소 $f(x) \in \mathbb{Z}[x]$가 존재한다. 따라서

$$\deg 1 = \deg\{xf(x)\} \geq 1$$

이다. 그런데 이는 모순이므로 $1 \notin P$이다. 따라서 $1 \in \mathbb{Z}[x] - P$이므로 $P \neq \mathbb{Z}[x]$이다.

(2) 임의의 두 원소 $f(x), g(x) \in \mathbb{Z}[x]$에 대하여 $f(x)g(x) \in P$라고 가정하자.
그러면 $f(0)g(0) = 0$이므로

$$f(0) = 0 \quad \text{또는} \quad g(0) = 0$$

이다. 만일 $f(0) = 0$이면

$$f(x) = xf_1(x)$$

를 만족시키는 원소 $f_1(x) \in \mathbb{Z}[x]$가 존재하므로 $f(x) \in P$이다.
또한 만일 $g(0) = 0$이면

$$g(x) = xg_1(x)$$

를 만족시키는 원소 $g_1(x) \in \mathbb{Z}[x]$가 존재하므로 $g(x) \in P$이다.
즉, $f(x)g(x) \in P$라고 가정하면 $f(x) \in P$ 또는 $g(x) \in P$이다.

결과적으로 $P = \langle x \rangle$가 성질 (1)과 (2)를 모두 만족시키므로 $P = \langle x \rangle$는 $\mathbb{Z}[x]$의 소아이디얼이다.

정리

가환환 R에 대하여 다음 명제는 거짓이다.

"P_1과 P_2가 R의 소아이디얼이면 $P_1 \cap P_2$는 R의 소아이디얼이다."

예제 가환환 $\mathbb{Z}$의 아이디얼 $2\mathbb{Z}$와 $5\mathbb{Z}$는 모두 $\mathbb{Z}$의 소아이디얼이고

$$2\mathbb{Z} \cap 5\mathbb{Z} = 10\mathbb{Z}$$

이다.

그런데 두 원소 $2, 5 \in \mathbb{Z}$에 대하여 $2 \times 5 \in 10\mathbb{Z}$이지만 $2 \notin 10\mathbb{Z}$이고 $5 \notin 10\mathbb{Z}$이다. 따라서 $2\mathbb{Z} \cap 5\mathbb{Z}$는 $\mathbb{Z}$의 소아이디얼이 아니다.

정리

S_1과 S_2가 가환환 R의 아이디얼이고 P가 R의 소아이디얼일 때 다음 명제가 성립한다.

$$\text{“}S_1S_2 \subset P \text{ 이면 } S_1 \subset P \text{ 또는 } S_2 \subset P \text{ 이다”}$$

증명 만일 $S_1 \not\subset P$이고 $S_2 \not\subset P$이라 가정하자.

그러면 적당한 원소 $a \in S_1 - P$와 $b \in S_2 - P$가 존재한다.

그런데 $ab \in S_1S_2$이고 $S_1S_2 \subset P$이므로 $ab \in P$이다. 가정에 의하여 P가 소아이디얼이므로

$$a \in P \quad \text{또는} \quad b \in P$$

이다. 이는 모순이므로 주어진 명제가 성립함을 알 수 있다. ▣

정의

가환환 R의 아이디얼 M이 다음 조건을 만족시킬때 M을 R의 **극대아이디얼(maximal ideal)**이라고 한다.

(1) $M \neq R$

(2) 환 R의 아이디얼 A에 대해서 다음 명제가 성립한다.

$$\text{“}M \subset A \subset R \text{이면 } A = M \text{ 또는 } A = R\text{이다.”}$$

참고 극대아이디얼은 일반적인 환에 대해서 정의하는 경우도 있다.

예제 가환환 $\mathbb{Z}$의 아이디얼 $M = \langle 3 \rangle$이 $\mathbb{Z}$의 극대아이디얼임을 다음과 같이 보일 수 있다.

(1) 만일 $1 \in M$이라고 가정하면 $1 = 3n$을 만족시키는 정수 n이 존재한다. 그런데 이는 모순이므로 $1 \in \mathbb{Z} - M$이다. 따라서 $M \neq \mathbb{Z}$이다.

(2) 환 $\mathbb{Z}$의 아이디얼 A에 대하여 $M \subset A \subset \mathbb{Z}$라고 가정하자.

그러면 적당한 정수 m이 존재하여 $A = \langle m \rangle$이므로 $\langle 3 \rangle \subset \langle m \rangle$이다. 따라서

$3 \in \langle m \rangle$이므로 $3 = mt$인 정수 t가 존재한다. 즉, $m|3$이므로 $m=1$ 또는 $m=3$이다.

만일 $m=1$이면

$$A = \langle 1 \rangle = \mathbb{Z}$$

이고 $m=3$이면

$$A = \langle 3 \rangle = M$$

이다.

결과적으로 성질 (1)과 (2)를 모두 만족시키므로 $M = \langle 3 \rangle$은 $\mathbb{Z}$의 극대아이디얼이다.

예제 가환환 $\mathbb{Z}$의 아이디얼 $B = 10\mathbb{Z}$가 $\mathbb{Z}$의 극대아이디얼이 아님을 다음과 같이 보일 수 있다.

$A = 5\mathbb{Z}$는 $\mathbb{Z}$의 아이디얼이고

$$B \subset A \subset \mathbb{Z}$$

이다. 한편, $5 \in A$이고 $5 \not\in B$이므로

$$A \neq B$$

이다. 또한 $1 \in \mathbb{Z}$이고 $1 \not\in A$이므로

$$A \neq \mathbb{Z}$$

이다. 결과적으로 $B = 10\mathbb{Z}$는 $\mathbb{Z}$의 극대아이디얼이 아니다.

예제 가환환 $2\mathbb{Z}$의 아이디얼 $M = 10\mathbb{Z}$가 $2\mathbb{Z}$의 극대아이디얼이 됨을 다음과 같이 보일 수 있다.

(1) 명백히 $2 \in 2\mathbb{Z}$이다. 만일 $2 \in M$라고 가정하면 $2 = 10n$을 만족시키는 정수 n이 존재한다. 그런데 이는 모순이므로 $2 \not\in M$이다. 따라서 $M \neq \mathbb{Z}$이다.

(2) 만일 A가 $M \subset A \subset 2\mathbb{Z}$을 만족시키는 $2\mathbb{Z}$의 아이디얼이라고 가정하면 적당한 양의 정수 m이 존재하여 $A = m\mathbb{Z}$이다. 따라서 $10\mathbb{Z} \subset m\mathbb{Z}$이므로 $10 \in m\mathbb{Z}$이다. 즉, $m|10$이므로 다음을 얻는다.

$$m=1 \quad \text{또는} \quad m=2 \quad \text{또는} \quad m=5 \quad \text{또는} \quad m=10$$

각각의 경우를 살펴보면 다음과 같다.

(i) $m=1$이면 $A=\mathbb{Z}$이다. 그런데 $A\subset 2\mathbb{Z}$ 이므로 모순을 얻는다.
따라서 $m\neq 1$이다.

(ii) $m=2$이면 $A=2\mathbb{Z}$ 이다.

(iii) $m=5$이면 $A=5\mathbb{Z}$ 이다. 그런데 $A\subset 2\mathbb{Z}$ 이므로 모순을 얻는다.
따라서 $m\neq 5$이다.

(iv) $m=10$이면 $A=M$이다.
따라서

$$A=M \quad \text{또는} \quad A=2\mathbb{Z}$$

이다.

결과적으로 성질 (1)과 (2)를 모두 만족시키므로 M은 $2\mathbb{Z}$의 극대아이디얼이다.

예제 가환환 $\mathbb{Z}_6$의 아이디얼 $M=\{0,2,4\}$가 $\mathbb{Z}_6$의 극대아이디얼이 됨을 다음과 같이 보일 수 있다.

(1) $1\in\mathbb{Z}_6$이고 $1\notin M$이므로 $M\neq\mathbb{Z}_6$이다.

(2) A가 $M\subset A\subset\mathbb{Z}_6$을 만족시키는 $\mathbb{Z}_6$의 아이디얼이라고 가정하자.
만일 $M\neq A$이라면

$$1\in A \quad \text{또는} \quad 3\in A \quad \text{또는} \quad 5\in A$$

이다. 각각의 경우를 살펴보면 다음과 같다.

(i) $1\in A$이면 $A=\mathbb{Z}_6$이다.

(ii) $3\in A$이면 $1=3+4\in A$이므로 $A=\mathbb{Z}_6$이다.

(iii) $5\in A$이면 $1=2+5\in A$이므로 $A=\mathbb{Z}_6$이다.

따라서 모든 경우에 $A=\mathbb{Z}_6$이다.

결과적으로 성질 (1)과 (2)를 모두 만족시키므로 M은 $\mathbb{Z}_6$의 극대아이디얼이다.

예제 가환환 $\mathbb{Z}[x]$의 아이디얼 $B=\langle x\rangle$가 $\mathbb{Z}[x]$의 극대아이디얼이 아님을 다음과 같이 증명할 수 있다.

집합 $A=\langle 2,x\rangle$는 $\mathbb{Z}[x]$의 아이디얼이고

$$B \subset A \subset \mathbb{Z}[x]$$

이다. 그런데 $2 \in A$이고 $2 \not\in B$이므로

$$A \neq B$$

이다. 한편, $1 \in \mathbb{Z}[x]$이고 $1 \not\in A$이므로

$$A \neq \mathbb{Z}[x]$$

이다.

그러므로 B는 $\mathbb{Z}[x]$의 극대아이디얼이 아니다.

예제 가환환 $\mathbb{Z}_2[x]$의 아이디얼 $B = \langle x^2+1 \rangle$은 $\mathbb{Z}_2[x]$의 극대아이디얼이 아님을 다음과 같이 보일 수 있다.

$A = \langle x+1 \rangle$는 $\mathbb{Z}_2[x]$의 아이디얼이고 $(x+1)^2 = x^2+1$이므로 $x^2+1 \in \langle x+1 \rangle$이다. 따라서

$$\langle x^2+1 \rangle \subset \langle x+1 \rangle$$

이므로

$$B \subset A \subset \mathbb{Z}_2[x]$$

이다. 그런데 $x+1 \in A$ 이고 $x+1 \not\in B$이므로

$$A \neq B$$

이다. 한편, $1 \in \mathbb{Z}_2[x]$이고 $1 \not\in A$이므로

$$A \neq \mathbb{Z}_2[x]$$

이다. 그러므로 $B = \langle x^2+1 \rangle$는 $\mathbb{Z}_2[x]$의 극대아이디얼이 아니다.

예제 가환환 $\mathbb{R}[x]$의 아이디얼 $B = \langle x^2+1 \rangle$은 $\mathbb{R}[x]$의 극대아이디얼이 됨을 다음과 같이 보일 수 있다.

(1) $1 \in \mathbb{R}[x]$이고 $1 \not\in B$이므로 $B \neq \mathbb{R}[x]$이다.

(2) A가 포함관계 $B \subset A \subset \mathbb{R}[x]$를 만족시키는 $\mathbb{R}[x]$의 아이디얼이라고 가정하자. 만일 $A \neq B$라고 가정하면 $f(x) \in A$이고 $f(x) \not\in B$인 다항식 $f(x) \in \mathbb{R}[x]$가 존

재하고

$$f(x) = (x^2+1)q(x) + r(x) \qquad (\text{단, } r(x) = 0 \text{ 또는 } \deg r(x) < 2)$$

를 만족시키는 다항식 $q(x), r(x) \in \mathbb{R}[x]$가 존재한다. 따라서

$$r(x) = f(x) - (x^2+1)q(x)$$

이고 $(x^2+1)q(x) \in A$이므로 $r(x) \in A$이다.
만일 $r(x) = 0$이라면

$$f(x) = (x^2+1)q(x)$$

이므로 $f(x) \in B$이다. 이는 모순이므로 $r(x) \neq 0$이다.
따라서 적당한 실수 a, b가 존재하여 $r(x) = ax + b$로 나타낼 수 있다.
한편 $x^2 + 1 \in A$이고 $r(x) \in A$이므로

$$a^2x^2 + a^2 = a^2(x^2+1) \in A, \qquad a^2x^2 - b^2 = r(x)(ax-b) \in A$$

이다. 그런데 A는 아이디얼이므로

$$(a^2x^2 + a^2) - (a^2x^2 - b) \in A$$

이다. 즉,

$$a^2 + b^2 \in A$$

이다. 그런데 $r(x) \neq 0$이므로 $a^2 + b^2 \neq 0$이고

$$1 = \frac{1}{a^2+b^2}(a^2+b^2) \in A$$

이다. 그러므로 $A = \mathbb{R}[x]$이다.
결과적으로 성질 (1)과 (2)를 모두 만족시키므로 B는 $\mathbb{R}[x]$의 극대아이디얼이다.

정리

가환환 R에 대하여 다음 명제는 거짓명제이다.

"M_1과 M_2가 R의 극대아이디얼이면 $M_1 \cap M_2$는 R의 극대아이디얼이다."

예제 가환환 $\mathbb{Z}$의 아이디얼 $2\mathbb{Z}$와 $5\mathbb{Z}$는 모두 $\mathbb{Z}$의 극대아이디얼이다.

한편

$$2\mathbb{Z} \cap 5\mathbb{Z} = 10\mathbb{Z}$$

이다. 그런데 $2\mathbb{Z}$는 포함관계

$$10\mathbb{Z} \subset 2\mathbb{Z} \subset \mathbb{Z}$$

를 만족시키는 $\mathbb{Z}$의 아이디얼이다.

또한 $10\mathbb{Z} \neq 2\mathbb{Z}$이고 $2\mathbb{Z} \neq \mathbb{Z}$이므로 $2\mathbb{Z} \cap 5\mathbb{Z}$는 $\mathbb{Z}$의 극대아이디얼이 아니다.

연습문제

1. 다음에 주어진 환 R의 부분집합 S가 R의 아이디얼인지 판정하고 이를 증명하시오.

(1) $R=\mathbb{R}$, $S=\mathbb{Q}$ (2) $R=\mathbb{Z}_{20}$, $S=\{0,10\}$

(3) $R=\mathbb{Q}[x]$, $S=\mathbb{Z}[x]$ (4) $R=\mathbb{Z}\times\mathbb{Z}$, $S=10\mathbb{Z}\times 7\mathbb{Z}$

(5) $R=\{f\mid f:\mathbb{R}\to\mathbb{R}$ 는 연속함수이다$\}$, $S=\{f\in\mathbb{R}\mid f$는 상수함수이다$\}$

2. 다음에 주어진 단위원을 포함하는 가환환 R에 속하는 원소 $a\in R$로 생성된 주아이디얼 $\langle a\rangle$를 구하시오.

(1) $R=\mathbb{R}$, $a=\sqrt{2}$ (2) $R=\mathbb{Z}_{20}$, $a=10$

(3) $R=\mathbb{Q}[x]$, $a=7$ (4) $R=\mathbb{Z}\times\mathbb{Z}$, $a=(1,0)$

(5) $R=\{f\mid f:\mathbb{R}\to\mathbb{R}$ 는 연속함수이다$\}$, $a=g$, $g(x)=5$ $(x\in\mathbb{R})$

3. 다음에 주어진 단위원을 포함하는 가환환 R에 속하는 원소들에 의하여 생성된 아이디얼을 구하시오.

(1) $R=\mathbb{R}$, $2,\sqrt{3}$ (2) $R=\mathbb{Z}_{20}$, $2,10$

4. 다음에 주어진 가환환 R의 아이디얼 P가 R의 소아이디얼인지 판정하고 이를 증명하시오.

(1) $R=\mathbb{Z}$, $P=\langle 11\rangle$ (2) $R=\mathbb{Z}$, $P=\langle 12\rangle$

(3) $R=\mathbb{Z}_3[x]$, $P=\langle x^3+1\rangle$ (4) $R=\mathbb{Z}[x]$, $P=\langle x+1\rangle$

5. 다음에 주어진 가환환 R의 아이디얼 M이 R의 극대아이디얼인지 판정하고 이를 증명하시오.

(1) $R=\mathbb{Z}$, $M=\langle 17\rangle$ (2) $R=\mathbb{Z}$, $M=\langle 30\rangle$

(3) $R=\mathbb{Z}_4$, $M=\{0,2\}$ (4) $R=\mathbb{Z}[x]$, $M=\langle x^2+2x+1\rangle$

6. 다음 명제의 참 또는 거짓을 판정하고 이를 증명하시오.

"M_1과 M_2가 가환환 R의 극대아이디얼이면 $M_1 \cup M_2$는 R의 극대아이디얼이다."

7. 환 R에 대하여 다음 명제를 수학적 귀납법을 이용하여 증명하시오.

"모든 $i=1,2,\cdots,n$에 대하여 S_i가 R의 아이디얼이면 $S_1+S_2+\cdots+S_n$는 R의 아이디얼이다."

8. 소수 p에 대하여 $P=\langle p\rangle$가 $\mathbb{Z}$의 소아이디얼임을 증명하시오.

9. 소수 p에 대하여 $M=\langle p\rangle$가 $\mathbb{Z}$의 극대아이디얼임을 증명하시오.

CHAPTER

4

잉여환
(Quotient rings)

이 장에서는 잉여환(상환)을 정의하고 잉여환의 기본적인 성질에 대하여 살펴본다.

정리

S가 환 R의 아이디얼일 때 집합

$$Q = \{a + S \mid a \in R\}$$

에 속하는 임의의 원소 $a+S$, $b+S$에 대하여 덧셈연산과 곱셈연산을 다음과 같이 정의하면 Q는 환이다.

(1) $(a+S)+(b+S)=(a+b)+S$

(2) $(a+S)(b+S)=ab+S$

증명 집합 Q가 환이 되는 것을 다음과 같이 단계적으로 보일 수 있다.

(i) 연산이 잘 정의되었는지 증명하기 위하여 임의의 원소 $a, b, c, d \in R$에 대하여

$$a+S=c+S, \qquad b+S=d+S$$

라고 가정하고

$$(a+b)+S=(c+d)+S$$
$$ab+S=cd+S$$

이 성립함을 보이면 된다.

가정에 의하여 $a+S=c+S$이고 $b+S=d+S$이므로

$$a-c=s_1, \qquad b-d=s_2$$

인 원소 $s_1, s_2 \in S$가 존재한다. 따라서

$$(a+b)-(c+d)=s_1+s_2 \in S$$

이므로

$$(a+b)+S=(c+d)+S$$

이다. 또한

$$ab-cd=(c+s_1)(d+s_2)-cd=cs_2+s_1d+s_1s_2 \in S$$

이므로

$$ab+S=cd+S$$

이다. 즉, 주어진 연산은 집합 Q에서 잘 정의되어있다.

(ii) 임의의 원소 $a+S, b+S, c+S \in Q$에 대하여

$$(a+S)+\{(b+S)+(c+S)\}=\{(a+S)+(b+S)\}+(c+S)$$

(iii) $0_R+S\in Q$이고 임의의 원소 $a+S\in Q$에 대하여

$$(a+S)+(0_R+S)=a+S=(0_R+S)+(a+S)$$

이므로 원소 $0_R+S\in Q$는 덧셈에 대한 항등원이다.

(iv) 임의의 원소 $a+S\in Q$에 대하여 $-a+S\in Q$이고

$$(a+S)+(-a+S)=0_R+S=(-a+S)+(a+S)$$

이므로 원소 $a+S$의 덧셈에 대한 역원 $-a+S\in Q$가 존재한다.

(v) 임의의 원소 $a+S, b+S\in Q$에 대하여

$$(a+S)+(b+S)=(b+S)+(a+S)$$

(vi) 임의의 원소 $a+S, b+S, c+S \in Q$에 대하여

$$(a+S)\{(b+S)(c+S)\}=\{(a+S)(b+S)\}(c+S)$$

(vii) 임의의 원소 $a+S, b+S, c+S \in Q$에 대하여

$$(a+S)\{(b+S)+(c+S)\}=(a+S)(b+S)+(a+S)(c+S)$$

결과적으로 Q는 환이 됨을 알 수 있다. ▣

정의

S가 환 R의 아이디얼일 때 환 $Q=\{a+S \mid a\in R\}$를 **잉여환** 또는 **상환(quotient ring, factor ring)**이라고 하고 $Q=R/S$로 나타낸다.

예제 환 $\mathbb{Q}$의 아이디얼 $\{0\}$에 대하여 잉여환 $\mathbb{Q}/\{0\}$은 다음과 같다.

$$\mathbb{Q}/\{0\}=\{a+\{0\} \mid a\in \mathbb{Q}\}$$

예제 정수 n과 $\mathbb{Z}$의 아이디얼 $n\mathbb{Z}$에 대하여 잉여환 $\mathbb{Z}/n\mathbb{Z}$는 다음과 같다.

$$\mathbb{Z}/n\mathbb{Z} = \{m + n\mathbb{Z} \mid m \in \mathbb{Z}\}$$

예제 환 $\mathbb{Z}_{10}$의 아이디얼 $S = \{0,5\}$에 대하여 잉여환 $\mathbb{Z}_{10}/S$는 다음과 같다.

$$\mathbb{Z}_{10}/S = \{m + S \mid m \in \mathbb{Z}_{10}\}$$

예제 환 R_1과 R_2에 대하여 $S = \{0_{R_1}\} \times R_2$는 환 $R = R_1 \times R_2$의 아이디얼이고 잉여환은 다음과 같다.

$$R/S = \{(a,b) + S \mid (a,b) \in R_1 \times R_2\}$$

예제 환 $\mathbb{R}[x]$의 아이디얼 $\langle x \rangle$에 대하여 잉여환은 다음과 같다.

$$\mathbb{R}[x]/\langle x \rangle = \{f(x) + \langle x \rangle \mid f(x) \in \mathbb{R}[x]\}$$

예제 환 $\mathbb{R}[x]$의 아이디얼 $\langle x^2+1 \rangle$에 대하여 잉여환은 다음과 같다.

$$\begin{aligned}\mathbb{R}[x]/\langle x^2+1 \rangle &= \{f(x) + \langle x^2+1 \rangle \mid f(x) \in \mathbb{R}[x]\} \\ &= \{ax + b + \langle x^2+1 \rangle \mid a,b \in \mathbb{R}\}\end{aligned}$$

예제 환 $\mathbb{Q}$의 아이디얼을 모두 구하면 $\{0\}$와 $\mathbb{Q}$ 뿐이고 잉여환은 다음과 같다.

$$\mathbb{Q}/\{0\} = \{a + \{0\} \mid a \in \mathbb{Q}\}$$
$$\mathbb{Q}/\mathbb{Q} = \{a + \mathbb{Q} \mid a \in \mathbb{Q}\} = \{\mathbb{Q}\}$$

정리

환 R이 단위원 1_R을 갖는 가환환일 때 S가 R의 소아이디얼이면 잉여환 R/S는 정역이다.

증명 R이 가환환이므로 임의의 원소 $a,b \in R$에 대하여 $ab = ba$이다. 따라서

$$ab+S=ba+S$$

이고

$$ab+S=(a+S)(b+S), \qquad ba+S=(b+S)(a+S)$$

이므로

$$(a+S)(b+S)=(b+S)(a+S)$$

이다. 따라서 R/S는 가환환이다.

한편, $1_R+S\in R/S$이므로 R/S는 단위원을 갖는 가환환이다.

만일

$$(a+S)(b+S)=0+S$$

이라면 $ab\in S$이고 S는 소아이디얼이므로

$$a\in S \quad \text{또는} \quad b\in S$$

이다. 따라서

$$a+S=0+S \quad \text{또는} \quad b+S=0+S$$

이므로 잉여환 R/S는 영원을 갖지 않는다.

결과적으로 R/S는 정역이다. ▣

예제 환 $\mathbb{Q}$는 단위원 1을 갖는 가환환이고 $\{0\}$는 $\mathbb{Q}$의 소아이디얼이므로 잉여환 $\mathbb{Q}/\{0\}$는 정역이다.

예제 환 $\mathbb{Z}$는 단위원 1을 갖는 가환환이고 $5\mathbb{Z}$는 $\mathbb{Z}$의 소아이디얼이므로 잉여환 $\mathbb{Z}/5\mathbb{Z}$는 정역이다.

예제 환 $\mathbb{Z}_4$는 단위원 1을 갖는 가환환이고 $S=\{0,2\}$는 환 $\mathbb{Z}_4$의 소아이디얼이므로 잉여환 $\mathbb{Z}_4/S$는 정역이다.

예제 환 $R=\mathbb{R}\times\mathbb{R}$은 단위원 $(1,1)$을 갖는 가환환이고

$$S=\{0\}\times\mathbb{R}=\{(0,b)\mid b\in\mathbb{R}\}$$

는 환 R의 소아이디얼이므로 잉여환 $R/S=(\mathbb{R}\times\mathbb{R})/(\{0\}\times\mathbb{R})$는 정역이다.

예제 환 $\mathbb{Z}[x]$는 단위원 1을 갖는 가환환이고 $\mathbb{Z}[x]$의 아이디얼 $\langle x \rangle$는 소아이디얼이므로 잉여환 $\mathbb{Z}[x]/\langle x \rangle$는 정역이다.

정리

환 R이 단위원 1_R을 갖는 가환환이고 S가 환 R의 아이디얼이고 $S \neq R$일 때 잉여환 R/S가 정역이면 S는 R의 소아이디얼이다.

증명 임의의 원소 $a, b \in R$에 대하여 $ab \in S$이라고 가정하자. 그러면

$$ab + S = S$$

이므로

$$(a+S)(b+S) = 0 + S$$

이다. 그런데 잉여환 R/S가 정역이므로

$$a + S = 0 + S \quad \text{또는} \quad b + S = 0 + S$$

이다. 따라서

$$a \in S \quad \text{또는} \quad b \in S$$

이므로 S는 R의 소아이디얼이다. ▣

예제 환 $\mathbb{Q}$는 단위원 1을 갖는 가환환이고 $\mathbb{Q}$의 아이디얼 $\{0\}$에 대하여 잉여환 $\mathbb{Q}/\{0\}$는 정역이므로 $\{0\}$는 $\mathbb{Q}$의 소아이디얼이다.

예제 환 $\mathbb{Z}$는 단위원 1을 갖는 가환환이고 $\mathbb{Z}$의 아이디얼 $5\mathbb{Z}$에 대하여 잉여환 $\mathbb{Z}/5\mathbb{Z}$는 정역이므로 $5\mathbb{Z}$는 $\mathbb{Z}$의 소아이디얼이다.

예제 환 $\mathbb{Z}_4$는 단위원 1을 갖는 가환환이고 $\mathbb{Z}_4$의 아이디얼 $S = \{0, 2\}$에 대하여 잉여환 $\mathbb{Z}_4/S$는 정역이므로 S는 $\mathbb{Z}_4$의 소아이디얼이다.

예제 환 $R = \mathbb{R} \times \mathbb{R}$은 단위원 $(1,1)$을 갖는 가환환이고 R의 아이디얼

$S=\{0\}\times\mathbb{R}=\{(0,b)\mid b\in\mathbb{R}\}$에 대하여 $R/S=(\mathbb{R}\times\mathbb{R})/(\{0\}\times\mathbb{R})$는 정역이므로 S는 소아이디얼이다.

정리

환 R이 단위원 1_R을 갖는 가환환일 때 S가 환 R의 극대아이디얼이면 잉여환 R/S는 체이다.

증명 R이 가환환이므로 임의의 원소 $a,b\in R$에 대하여 $ab=ba$이다. 따라서

$$ab+S=ba+S$$

이므로

$$(a+S)(b+S)=(b+S)(a+S)$$

이다. 따라서 R/S는 가환환이다.
한편, R이 단위원 1_R을 갖는 환이므로 $1_R+S\in R/S$이고 임의의 원소 $a\in R$에 대하여

$$(a+S)(1_R+S)=a+S=(1_R+S)(a+S)$$

이므로 1_R+S는 R/S의 단위원이다.
이제 원소 $a+S\neq 0+S\in R/S$에 대하여 $a+S$가 단원임을 보이면 충분하다.
우선 집합

$$A=\{ar+s\mid r\in R,\ s\in S\}$$

는 R의 아이디얼이 됨을 다음과 같이 보일 수 있다.
A에 속하는 임의의 두 원소 ar_1+s_1, ar_2+s_2와 임의의 원소 $r\in R$에 대하여

$$(ar_1+s_1)-(ar_2+s_2)=a(r_1-r_2)+(s_1-s_2)$$
$$r(ar_1+s_1)=a(rr_1)+rs_1$$
$$(ar_1+s_1)r=a(r_1r)+s_1r$$

이다. 그런데

$$r_1-r_2,\, rr_1,\, r_1r\in R,\qquad s_1-s_2,\, rs_1,\, s_1r\in S$$

이므로

$$(ar_1 + s_1) - (ar_2 + s_2) \in A$$
$$r(ar_1 + s_1),\ (ar_1 + s_1)r \in A$$

이다. 따라서 A는 R의 아이디얼이다.

그런데 $a + S \neq 0 + S \in R/S$이므로 $a \in A - S$이다. 즉, S는

$$S \subset A \subset R, \qquad S \neq A$$

을 만족시키는 R의 극대아이디얼이므로,

$$A = R$$

이다. 따라서 $1_R \in A$이고 $ar + s = 1_R$인 원소 $r \in R$과 $s \in S$가 존재하므로

$$ar + s + S = 1_R + S$$

이다. 한편,

$$ar + s + S = ar + S = (a + S)(r + S)$$

이므로

$$(a + S)(r + S) = 1_R + S$$

이다. 즉, $a + S$는 단원이고

$$(a + S)^{-1} = r + S$$

이다. 따라서 R/S는 체이다. ▣

예제 환 $\mathbb{Q}$는 단위원 1을 갖는 가환환이고 $\{0\}$는 $\mathbb{Q}$의 극대아이디얼이므로 잉여환 $\mathbb{Q}/\{0\}$는 체이다.

예제 환 $\mathbb{Z}$는 단위원 1을 갖는 가환환이고 $5\mathbb{Z}$는 $\mathbb{Z}$의 극대아이디얼이므로 잉여환 $\mathbb{Z}/5\mathbb{Z}$는 체이다.

예제 환 $\mathbb{Z}_4$는 단위원 1을 갖는 가환환이고 $S = \{0,2\}$는 환 $\mathbb{Z}_4$의 극대아이디얼이므로 잉여환 $\mathbb{Z}_4/S$는 체이다.

예제 환 $R=\mathbb{R}\times\mathbb{R}$ 는 단위원 $(1,1)$을 갖는 가환환이고 $S=\{0\}\times\mathbb{R}$ 는 환 R의 극대아이디얼이므로 잉여환 $R/S=(\mathbb{R}\times\mathbb{R})/(\{0\}\times\mathbb{R})$는 체이다.

정리

환 R이 단위원 1_R을 갖는 가환환이고 S가 $S\neq R$인 환 R의 아이디얼일 때 잉여환 R/S가 체이면 S는 R의 극대아이디얼이다.

증명 집합 M을 포함관계 $S\subset M\subset R$을 만족시키는 R의 아이디얼이라고 가정하자. 만일 $M\neq S$이라면 적당한 원소 $a\in M-S$가 존재하고 $a+S\neq 0+S$이다. 가정에 의하여 R/S가 체이므로 $a+S$는 단원이다. 그러므로 적당한 원소 $b+S\in R/S$가 존재하여

$$(a+S)(b+S)=1_R+S$$

이다. 따라서

$$ab+S=1_R+S$$

이므로 $ab-1_R\in S$이다.

그런데 $S\subset M\subset R$이므로 $ab-1_R\in M$이다.

한편 $a\in M-S$이고 M은 R의 아이디얼이므로 $ab\in M$이다. 따라서

$$1_R=ab-(ab-1_R)\in M$$

이므로 $M=R$이 되어 S는 R의 극대아이디얼임을 알 수 있다. ▣

예제 환 $\mathbb{Q}$는 단위원 1을 갖는 가환환이고 잉여환 $\mathbb{Q}/\{0\}$는 체이므로 $\{0\}$는 $\mathbb{Q}$의 극대아이디얼이다.

예제 환 $\mathbb{Z}$는 단위원 1을 갖는 가환환이고 환 $\mathbb{Z}$의 아이디얼 $5\mathbb{Z}$에 대하여 잉여환 $\mathbb{Z}/5\mathbb{Z}$는 체이므로 $5\mathbb{Z}$는 $\mathbb{Z}$의 극대아이디얼이다.

예제 환 $\mathbb{Z}_4$는 단위원 1을 갖는 가환환이고 환 $\mathbb{Z}_4$의 아이디얼 $S=\{0,2\}$에 대하여 잉여환 $\mathbb{Z}_4/S$는 체이므로 S는 $\mathbb{Z}_4$의 극대아이디얼이다.

예제 환 $R = \mathbb{R} \times \mathbb{R}$ 은 단위원 $(1,1)$을 갖는 가환환이고 환 R의 아이디얼 $S = \{0\} \times \mathbb{R}$ 에 대하여 $R/S = (\mathbb{R} \times \mathbb{R}) / (\{0\} \times \mathbb{R})$는 체이므로 S는 R의 극대아이디얼이다.

정리

환 R이 단위원 1_R을 갖는 가환환이고 S가 환 R의 극대아이디얼이면 S는 R의 소아이디얼이다.

증명 환 R이 단위원 1_R을 갖는 가환환이고 S가 환 R의 극대아이디얼이므로 잉여환 R/S는 체이다. 따라서 R/S는 정역이 되므로 S는 R의 소아이디얼이다. ▣

예제 환 $\mathbb{Q}$는 단위원 1을 갖는 가환환이고 $\{0\}$는 $\mathbb{Q}$의 극대아이디얼이므로 $\{0\}$는 $\mathbb{Q}$의 소아이디얼이다.

예제 환 $\mathbb{Z}$는 단위원 1을 갖는 가환환이고 $5\mathbb{Z}$는 환 $\mathbb{Z}$의 극대아이디얼이므로 $5\mathbb{Z}$는 $\mathbb{Z}$의 소아이디얼이다.

예제 환 $\mathbb{Z}_4$는 단위원 1을 갖는 가환환이고 $S = \{0,2\}$는 환 $\mathbb{Z}_4$의 극대아이디얼이므로 S는 $\mathbb{Z}_4$의 소아이디얼이다.

예제 환 $R = \mathbb{R} \times \mathbb{R}$ 은 단위원 $(1,1)$을 갖는 가환환이고 $S = \{0\} \times \mathbb{R}$는 환 R의 극대아이디얼이므로 S는 R의 소아이디얼이다.

예제 환 $\mathbb{Z}[x]$의 아이디얼 $\langle x \rangle$은 $\mathbb{Z}[x]$의 소아이디얼이지만 $\mathbb{Z}[x]$의 극대아이디얼은 아니다. 따라서 일반적으로 소아이디얼은 극대아이디얼이라고 할 수 없다.

정리

환 R은 단위원 1_R을 갖는 가환환이고 S는 R의 소아이디얼일 때 만일 R의 원소의 개수가 유한이면 S는 R의 극대아이디얼이다.

증명 S가 단위원 1_R을 갖는 가환환 R의 소아이디얼이면 잉여환 R/S는 정역이다. 그런데 R의 원소의 개수가 유한이므로 잉여환 R/S의 원소의 개수도 유한이다. 따라서 R/S는 체이므로 S는 R의 극대아이디얼이다. ▣

예제 환 $\mathbb{Z}_6$는 단위원 1을 갖는 가환환이고 $S=\{0,3\}$는 $\mathbb{Z}_6$의 소아이디얼이다. 그런데 환 $\mathbb{Z}_6$의 원소의 개수는 유한이므로 S는 $\mathbb{Z}_6$의 극대아이디얼이다.

연습문제

1. 다음에 주어진 환 R과 아이디얼 S에 대하여 잉여환 R/S가 정역인지 판정하고 이를 증명하시오.

(1) $R=\mathbb{Z}$, $S=10\mathbb{Z}$ (2) $R=\mathbb{Z}$, $S=11\mathbb{Z}$

(3) $R=\mathbb{Z}_{10}$, $S=\{0,5\}$ (4) $R=\mathbb{Z}\times\mathbb{R}$, $A=2\mathbb{Z}\times\mathbb{R}$

(5) $R=\mathbb{Z}[x]$, $S=\langle x+1\rangle$

2. 다음에 주어진 환 R과 아이디얼 S에 대하여 잉여환 R/S가 체인지 판정하고 이를 증명하시오.

(1) $R=\mathbb{Z}$, $S=12\mathbb{Z}$ (2) $R=\mathbb{Z}$, $S=37\mathbb{Z}$

(3) $R=\mathbb{Z}_{12}$, $S=\{0,3,6,9\}$ (4) $R=\mathbb{Z}\times\mathbb{R}$, $S=10\mathbb{Z}\times\mathbb{R}$

(5) $R=\mathbb{Z}[x]$, $S=\langle 2x^2\rangle$

3. 소수 p에 대하여 잉여환 $\mathbb{Z}/p\mathbb{Z}$는 정역인지 판정하고 이를 증명하시오.

4. 소수 p에 대하여 잉여환 $\mathbb{Z}/p\mathbb{Z}$는 체인지 판정하고 이를 증명하시오.

CHAPTER

5

환준동형사상
(Ring homomorphisms)

이 장에서는 두 개의 환 R과 S의 구조의 관계에 대한 성질을 살펴본다.

정의

환 R과 환 S 사이에 정의된 함수 $f: R \to S$가 다음 조건을 만족시키면 f를 **환준동형사상(ring homomorphism)**이라고 한다.

(1) $f(a+b) = f(a) + f(b)$

(2) $f(ab) = f(a)f(b) \qquad (a, b \in R)$

참고 만일 함수 $f: R \to S$가 환준동형사상임이 명확하면 f를 간단하게 준동형사상이라고 하기도 한다.

예제 환 R에 대하여 함수 $f: R \to R$를

$$f(a) = 0_R, \qquad a \in R$$

으로 정의하면 임의의 원소 $a, b \in R$에 대하여

$$f(a+b) = 0_R = 0_R + 0_R = f(a) + f(b)$$
$$f(ab) = 0_R = 0_R 0_R = f(a)f(b)$$

이므로 f는 환준동형사상이다.

예제 환 $\mathbb{Z}$에 대하여 함수 $f: \mathbb{Z} \to 2\mathbb{Z}$를

$$f(n) = 2n, \qquad n \in \mathbb{Z}$$

으로 정의하면 임의의 원소 $n, m \in \mathbb{Z}$에 대하여

$$f(nm) = 2(nm) \neq (2n)(2m) = f(n)f(m)$$

이므로 f는 환준동형사상이 아니다.

예제 환 $\mathbb{Z}$와 $\mathbb{Z}_2$에 대하여 함수 $f: \mathbb{Z} \to \mathbb{Z}_2$를

$$f(n) = r, \quad n = 2q + r \qquad (0 \le r < 2)$$

으로 정의하면 임의의 원소 $n, m \in \mathbb{Z}$ 에 대하여

$$n = 2q_1 + r_1, \qquad m = 2q_2 + r_2 \qquad (0 \le r_i < 2,\ i = 1, 2)$$

인 정수 q_1, q_2, r_1, r_2가 존재한다. 따라서

$$f(n+m) = r_1 + r_2 = f(n) + f(m)$$
$$f(nm) = r_1 r_2 = f(n) f(m)$$

이므로 f는 환준동형사상이다.

예제 환 $\mathbb{R}$과 환 $\mathbb{C}$에 대하여 함수 $f : \mathbb{R} \to \mathbb{C}$를

$$f(a) = a, \qquad a \in \mathbb{R}$$

으로 정의하면, 임의의 원소 $a, b \in \mathbb{R}$ 에 대하여

$$f(a+b) = a + b = f(a) + f(b)$$
$$f(ab) = ab = f(a) f(b)$$

이므로 f는 환준동형사상이다.

예제 환 $\mathbb{C}$에 대하여 함수 $f : \mathbb{C} \to \mathbb{C}$를

$$f(a+bi) = a - bi, \qquad a + bi \in \mathbb{C}$$

으로 정의하면, 임의의 원소 $\alpha = a + bi,\ \beta = c + di \in \mathbb{C}$ 에 대하여

$$f(\alpha+\beta) = (a+c) - (b+d)i = (a - bi) + (c - di) = f(\alpha) + f(\beta)$$
$$f(\alpha\beta) = (ac - bd) - (ad + bc)i = (a - bi)(c - di) = f(\alpha) f(\beta)$$

이므로 f는 환준동형사상이다.

예제 환 $2\mathbb{Z}$와 환 $3\mathbb{Z}$에 대하여 함수 $f : 2\mathbb{Z} \to 3\mathbb{Z}$를

$$f(2n) = 3n, \qquad n \in \mathbb{Z}$$

으로 정의하면, 임의의 원소 $2n, 2m \in 2\mathbb{Z}$ 에 대하여

$$f(2n2m) = f(4nm) = 3(2nm) = 6nm \neq (3n)(3m) = f(2n) f(2m)$$

이므로 $f(2n2m) \neq f(2n)f(2m)$이다.

따라서 f는 환준동형사상이 아니다.

예제 환 $\mathbb{Z}[x]$와 환 $\mathbb{Z}$에 대하여 함수 $f: \mathbb{Z}[x] \to \mathbb{Z}$를

$$f(g(x)) = g(0), \qquad g(x) \in \mathbb{Z}[x]$$

으로 정의하면, 임의의 원소 $g(x), h(x) \in \mathbb{Z}[x]$에 대하여

$$f(g(x)+h(x)) = g(0)+h(0) = f(g(x))+f(h(x))$$
$$f(g(x)h(x)) = g(0)h(0) = f(g(x))f(h(x))$$

이므로 f는 환준동형사상이다.

예제 환 $\mathbb{Z}[x]$에 대하여 함수 $f: \mathbb{Z}[x] \to \mathbb{Z}[x]$를

$$f(g(x)) = g(x)^2, \qquad g(x) \in \mathbb{Z}[x]$$

으로 정의하면, 임의의 원소 $g(x), h(x) \in \mathbb{Z}[x]$에 대하여

$$f(g(x)+h(x)) = \{g(x)+h(x)\}^2 \neq g(x)^2+h(x)^2 = f(g(x))+f(h(x))$$

이므로 f는 환준동형사상이 아니다.

예제 환 $\mathbb{Z}_2[x]$에 대하여 함수 $f: \mathbb{Z}_2[x] \to \mathbb{Z}_2[x]$를

$$f(g(x)) = g(x)^2, \qquad g(x) \in \mathbb{Z}_2[x]$$

으로 정의하면, 임의의 원소 $g(x), h(x) \in \mathbb{Z}_2[x]$에 대하여

$$f(g(x)+h(x)) = \{g(x)+h(x)\}^2 = g(x)^2+h(x)^2 = f(g(x))+f(h(x))$$
$$f(g(x)h(x)) = \{g(x)h(x)\}^2 = g(x)^2h(x)^2 = f(g(x))f(h(x))$$

이므로 f는 환준동형사상이다.

예제 환 $\mathbb{Z}_3$와 환 $\mathbb{Z}_{12}$에 대하여 함수 $f: \mathbb{Z}_3 \to \mathbb{Z}_{12}$를

$$f(a) = 4a, \qquad a \in \mathbb{Z}_3$$

으로 정의하면, 임의의 두 원소 $a,b\in\mathbb{Z}_3$에 대하여

$$a+b=3q_1+r_1, \qquad ab=3q_2+r_2 \qquad (0\le r_i<3,\ i=1,2)$$

인 정수 q_1, q_2, r_1, r_2가 존재한다. 따라서

$$f(a+b)=4(3q_1+r_1)=4r_1=4(a+b-3q_1)=4a+4b=f(a)+f(b)$$
$$f(ab)=4(3q_2+r_2)=4r_2=4(ab-3q_2)=4ab=(4a)(4b)=f(a)f(b)$$

이므로 f는 환준동형사상이다.

예제 단위원 1_R을 포함하는 환 R에 대하여 함수 $f:\mathbb{Z}\to R$를

$$f(n)=n1_R, \qquad n\in\mathbb{Z}$$

으로 정의하면, 임의의 두 원소 $n,m\in\mathbb{Z}$에 대하여

$$f(n+m)=(n+m)1_R=n1_R+m1_R=f(n)+f(m)$$
$$f(nm)=(nm)1_R=(n1_R)(m1_R)=f(n)f(m)$$

이므로 f는 환준동형사상이다.

예제 표수가 소수 p인 가환환 R에 대하여 함수 $f:R\to R$를

$$f(a)=a^p, \qquad a\in R$$

으로 정의하면, 임의의 원소 $a,b\in R$에 대하여

$$f(a+b)=(a+b)^p=a^p+b^p=f(a)+f(b)$$
$$f(ab)=(ab)^p=a^pb^p=f(a)f(b)$$

이므로 f는 환준동형사상이다.

정리

$f:\mathbb{Z}\to\mathbb{Z}$가 환준동형사상이면 f는 다음과 같이 2가지 존재한다.

(1) 모든 원소 $n\in\mathbb{Z}$에 대하여 $f(n)=0$

(2) 모든 원소 $n\in\mathbb{Z}$에 대하여 $f(n)=n$

증명 f가 환준동형사상이므로

$$f(1) = f(1)f(1)$$

이다. 따라서

$$f(1)\{f(1) - 1\} = 0$$

이므로

$$f(1) = 0 \quad \text{또는} \quad f(1) = 1$$

이다. 만일 $f(1) = 0$이면 임의의 원소 $n \in \mathbb{Z}$에 대하여

$$f(n) = nf(1) = 0$$

이다. 만일 $f(1) = 1$이면 임의의 원소 $n \in \mathbb{Z}$에 대하여

$$f(n) = nf(1) = n$$

이다.

그런데 2가지 경우 모두 f는 환준동형사상이므로 결과적으로 환준동형사상 $f : \mathbb{Z} \to \mathbb{Z}$는 2가지가 존재함을 알 수 있다. ▣

정리

$f : \mathbb{Z} \times \mathbb{Z} \to \mathbb{Z}$가 환준동형사상이면 f는 다음과 같이 3가지 존재한다.

(1) 모든 원소 $(n,m) \in \mathbb{Z} \times \mathbb{Z}$에 대하여 $f(n,m) = 0$

(2) 모든 원소 $(n,m) \in \mathbb{Z} \times \mathbb{Z}$에 대하여 $f(n,m) = n$

(3) 모든 원소 $(n,m) \in \mathbb{Z} \times \mathbb{Z}$에 대하여 $f(n,m) = m$

증명 f가 환준동형사상이므로 $f(1,0) = f(1,0)f(1,0)$이다. 따라서

$$f(1,0)\{f(1,0) - 1\} = 0$$

이므로

$$f(1,0) = 0 \quad \text{또는} \quad f(1,0) = 1$$

이다. 만일 $f(1,0) = 0$이면 임의의 정수 n에 대하여

$$f(n,0) = nf(1,0) = 0$$

이다. 만일 $f(1,0)=1$이면 임의의 정수 n에 대하여

$$f(n,0)=nf(1,0)=n$$

이다. 그러므로 임의의 정수 n에 대하여

$$f(n,0)=0 \quad \text{또는} \quad f(n,0)=n$$

이다.

한편, $f(0,1)=f(0,1)f(0,1)$이므로

$$f(0,1)\{f(0,1)-1\}=0$$

이다. 따라서

$$f(0,1)=0 \quad \text{또는} \quad f(0,1)=1$$

이다. 만일 $f(0,1)=0$이면 임의의 정수 m에 대하여

$$f(0,m)=mf(0,1)=0$$

이다. 만일 $f(0,1)=1$이면 임의의 정수 m에 대하여

$$f(0,m)=mf(0,1)=m$$

이다. 그러므로

$$f(0,m)=0 \quad \text{또는} \quad f(0,m)=m$$

이다. 그런데

$$f(n,m)=f(n,0)+f(0,m)$$

이므로 다음과 같은 4가지 경우가 존재한다.

(1) $f(n,m)=0$

(2) $f(n,m)=n$

(3) $f(n,m)=m$

(4) $f(n,m)=n+m$

이제 각각의 경우에 f가 환준동형사상이 되는지 살펴보자.

임의의 원소 $(n,m),(s,t)\in\mathbb{Z}\times\mathbb{Z}$를 택하면

(1) $f(n,m)=0$인 경우에는

$$f\{(n,m)+(s,t)\}=0=f(n,m)+f(s,t)$$

$$f\{(n,m)(s,t)\}=0=f(n,m)f(s,t)$$

이므로 f는 환준동형사상이다.

(2) $f(n,m)=n$인 경우에는

$$f\{(n,m)+(s,t)\}=n+s=f(n,m)+f(s,t)$$
$$f\{(n,m)(s,t)\}=ns=f(n,m)f(s,t)$$

이므로 f는 환준동형사상이다.

(3) $f(n,m)=m$의 경우에는

$$f\{(n,m)+(s,t)\}=m+t=f(n,m)+f(s,t)$$
$$f\{(n,m)(s,t)\}=mt=f(n,m)f(s,t)$$

이므로 f는 환준동형사상이다.

(4) $f(n,m)=n+m$의 경우에는

$$f\{(1,1)(1,1)\}=f(1,1)=2\neq 4=f(1,1)f(1,1)$$

이므로 환준동형사상이 아니다.

결과적으로 $f:\mathbb{Z}\times\mathbb{Z}\to\mathbb{Z}$가 환준동형사상이면 f는 3가지 존재한다. ▣

정리

$f:\mathbb{Q}\to\mathbb{Q}$가 환준동형사상이면 f는 다음과 같이 2가지 존재한다.

(1) 모든 원소 $r\in\mathbb{Q}$에 대하여 $f(r)=0$

(2) 모든 원소 $r\in\mathbb{Q}$에 대하여 $f(r)=r$

증명 임의의 원소 $r\in\mathbb{Q}$을 택하면 적당한 정수 n과 m이 존재하여 $r=\dfrac{n}{m}$이다.
가정에 의하여 f가 환준동형사상이므로

$$f(n)=nf(1)$$

이다. 따라서

$$f(1)=f(m)f\left(\frac{1}{m}\right)=mf(1)f\left(\frac{1}{m}\right)=mf\left(\frac{1}{m}\right)$$

이다. 그러므로

$$f\left(\frac{1}{m}\right)=\frac{1}{m}f(1)$$

이고

$$f(r)=f\left(\frac{n}{m}\right)=f(n)f\left(\frac{1}{m}\right)=\frac{n}{m}f(1)f(1)=\frac{n}{m}f(1)=rf(1)$$

이다.

한편, $f(1)=f(1)f(1)$이므로

$$f(1)=0 \quad \text{또는} \quad f(1)=1$$

이다. 그러므로 각각의 경우를 살펴보면 다음과 같다.

(1) $f(1)=0$이면 $f(r)=rf(1)=0$이다.

(2) $f(1)=1$이면 $f(r)=rf(1)=r$이다.

그런데 2가지 경우 모두 f는 환준동형사상이므로 결과적으로 환준동형사상 $f:\mathbb{Q}\to\mathbb{Q}$는 2가지 경우가 존재함을 알 수 있다. ▣

정리

$f:\mathbb{R}\to\mathbb{R}$가 환준동형사상이면 f는 다음과 같이 2가지 존재한다.

(1) 모든 원소 $a\in\mathbb{R}$에 대하여 $f(a)=0$

(2) 모든 원소 $a\in\mathbb{R}$에 대하여 $f(a)=a$

증명 환준동형사상 $f:\mathbb{R}\to\mathbb{R}$을 이용하여 함수 $g:\mathbb{Q}\to\mathbb{R}$을 다음과 같이 정의할 수 있다.

$$g(r)=f(r), \qquad r\in\mathbb{Q}$$

그러면 f가 환준동형사상이므로 g는 환준동형사상이다.

따라서 g는 다음과 같은 2가지가 존재한다.

(1) 모든 원소 $r\in\mathbb{Q}$에 대하여 $g(r)=0$

(2) 모든 원소 $r\in\mathbb{Q}$에 대하여 $g(r)=r$

각각의 경우를 살펴보면 다음과 같다.

(1) 모든 원소 $r\in\mathbb{Q}$에 대하여 $g(r)=0$이면

$$f(r)=0, \qquad r \in \mathbb{Q}$$

이다. 만일 적당한 실수 $a \neq 0 \in \mathbb{R}$가 존재하여 $f(a) \neq 0$이면 유리수의 조밀성에 의하여 $r_1 < a < r_2$를 만족시키는 적당한 유리수 r_1과 r_2가 존재하고

$$f(a)-f(r_1)=f(a-r_1)=f(\sqrt{a-r_1}\,)^2 \geq 0$$

이다. 또한

$$f(r_2)-f(a)=f(r_2-a)=f(\sqrt{r_2-a}\,)^2 \geq 0$$

이므로

$$f(r_1) \leq f(a), \qquad f(a) \leq f(r_2)$$

이다. 따라서

$$0=f(r_1) \leq f(a) \leq f(r_2)=0$$

이므로 $f(a)=0$을 얻는다.

그런데 이는 모순이므로 모든 원소 $a \in \mathbb{R}$에 대하여 $f(a)=0$이다.

(2) 모든 원소 $r \in \mathbb{Q}$에 대하여 $g(r)=r$이면

$$f(r)=r, \qquad r \in \mathbb{Q}$$

이다. 만일 $f(b)<b$인 실수 b가 존재한다면 유리수의 조밀성에 의하여

$$f(b)<r<b$$

을 만족시키는 유리수 r이 존재한다. 따라서

$$f(b)-f(r)=f(b-r)=f(\sqrt{b-r}\,)^2 \geq 0$$

이므로 $f(b) \geq f(r)$이다. 그런데 $f(r)=r$이므로 $f(b) \geq r$이다. 즉,

$$r \leq f(b) < r$$

이 되어 모순을 얻는다. 따라서 모든 실수 a에 대하여

$$f(a) \geq a$$

이다. 이제 $f(c)>c$인 실수 c가 존재한다고 가정하자. 그러면 유리수의 조밀성에 의하여

$$f(c)>s>c$$

을 만족시키는 유리수 s가 존재한다. 따라서

$$f(s)-f(c)=f(s-c)=f(\sqrt{s-c})^2 \geq 0$$

이므로 $f(s) \geq f(c)$이다. 그런데 $f(s)=s$이므로 $s \geq f(c)$이다. 즉,

$$s \geq f(c) > s$$

이 되어 모순을 얻는다. 따라서 모든 실수 a에 대하여

$$f(a)=a$$

이다. 결론적으로 (1)과 (2)에 의하여 환준동형사상 $f : \mathbb{R} \rightarrow \mathbb{R}$는 2가지 존재함을 알 수 있다. ▣

정의

환 R과 환 S에 대하여 환준동형사상 $f : R \rightarrow S$가 일대일대응이면 f를 **환동형사상(ring isomorphism)**이라고 한다.

이때 R은 S와 동형인 환이라 하고 $R \simeq S$ (또는 $R \cong S$)로 나타낸다.

만일 R과 S가 동형인 환이 아니면 $R \not\simeq S$ (또는 $R \not\cong S$)로 나타낸다.

예제 환 R에 대하여 함수 $f : R \rightarrow R$를

$$f(a)=0_R, \qquad a \in R$$

으로 정의하면 f는 환준동형사상이지만 f가 일대일대응이 아니므로 환동형사상은 아니다.

그렇지만 함수 $f : R \rightarrow R$를

$$f(a)=a, \qquad a \in R$$

으로 정의하면 f는 환동형사상이므로 $R \simeq R$이다.

예제 환 $\mathbb{Z}$와 환 $\mathbb{Z}_2$에 대하여 함수 $f : \mathbb{Z} \rightarrow \mathbb{Z}_2$를

$$f(n)=r, \qquad n=2q+r \quad (0 \leq r < 2)$$

으로 정의하면 f는 환준동형사상이지만 f가 일대일대응이 아니므로 환동형사상은 아니다.

예제 환 $\mathbb{R}$과 환 $\mathbb{C}$에 대하여 함수 $f : \mathbb{R} \to \mathbb{C}$를

$$f(a) = a, \qquad a \in \mathbb{R}$$

으로 정의하면 f는 환준동형사상이지만 f가 일대일대응이 아니므로 환동형사상은 아니다.

예제 환 $\mathbb{C}$에 대하여 함수 $f : \mathbb{C} \to \mathbb{C}$를

$$f(a+bi) = a-bi, \qquad a+bi \in \mathbb{C}$$

으로 정의하면 f는 환준동형사상이고 일대일대응이므로 f는 환동형사상이다.

예제 환 $\mathbb{Z}[x]$와 환 $\mathbb{Z}$에 대하여 함수 $f : \mathbb{Z}[x] \to \mathbb{Z}$를

$$f(g(x)) = g(0), \qquad g(x) \in \mathbb{Z}[x]$$

으로 정의하면 f는 환준동형사상이지만 f가 일대일대응이 아니므로 환동형사상은 아니다.

예제 환 $\mathbb{Z}_2[x]$에 대하여 함수 $f : \mathbb{Z}_2[x] \to \mathbb{Z}_2[x]$를

$$f(g(x)) = g(x)^2, \qquad g(x) \in \mathbb{Z}_2[x]$$

으로 정의하면 f는 환준동형사상이다.

그런데 원소 $x \in \mathbb{Z}_2[x]$를 택하면

$$f(h(x)) = x$$

를 만족시키는 원소 $h(x) \in \mathbb{Z}_2[x]$가 존재하지 않는다.

따라서 f가 일대일대응이 아니므로 f는 환동형사상은 아니다.

예제 환 $\mathbb{Z}_3$와 환 $\mathbb{Z}_{12}$에 대하여 함수 $f : \mathbb{Z}_3 \to \mathbb{Z}_{12}$를

$$f(a) = 4a, \qquad a \in \mathbb{Z}_3$$

으로 정의하면 f는 환준동형사상이지만

$$f(\mathbb{Z}_3)=\{0,4,8\}\neq\mathbb{Z}_{12}$$

이므로 f가 일대일대응이 아니다. 따라서 f는 환동형사상은 아니다.

정리

환 R과 환 S에 대하여 $f: R\to S$가 환준동형사상이면 $f(0_R)=0_S$이다.

증명 f가 환준동형사상이므로

$$f(0_R)=f(0_R+0_R)=f(0_R)+f(0_R)$$

이다. 따라서

$$\begin{aligned}0_S=f(0_R)+(-f(0_R))&=\{f(0_R)+f(0_R)\}+(-f(0_R))\\&=f(0_R)+\{f(0_R)+(-f(0_R))\}\\&=f(0_R)+0_S=f(0_R)\end{aligned}$$

이다. 그러므로 $f(0_R)=0_S$이다. ▣

예제 환 $2\mathbb{Z}$와 환 $3\mathbb{Z}$는 동형이 아님을 다음과 같이 보일 수 있다.

만일 $2\mathbb{Z}$와 $3\mathbb{Z}$가 동형이면 적당한 동형사상 $f: 2\mathbb{Z}\to3\mathbb{Z}$가 존재한다. 그런데 $2\in2\mathbb{Z}$이므로 적당한 원소 $n\in\mathbb{Z}$이 존재하여

$$f(2)=3n$$

이다. f가 동형사상이므로

$$f(4)=f(2+2)=f(2)+f(2)=6n$$

이고

$$f(4)=f(2\times2)=f(2)f(2)=9n^2$$

이다. 그러므로

$$6n = 9n^2$$

이고 $n \in \mathbb{Z}$ 이므로 $n = 0$이다. 즉,

$$f(2) = 0 = f(0)$$

이 되어 f가 동형사상이라는 가정에 모순이다.

결과적으로 환 $2\mathbb{Z}$와 환 $3\mathbb{Z}$는 동형이 아니다.

정리

환 R과 환 S에 대하여 함수 $f : R \to S$가 환준동형사상이면 임의의 원소 $a \in R$에 대하여 $f(-a) = -f(a)$이다.

증명 f가 환준동형사상이므로

$$f(a) + f(-a) = f(a-a) = f(0_R) = 0_S$$

이다. 따라서 $f(-a) = -f(a)$이다. ▣

정리

환 R과 환 S에 대하여 함수 $f : R \to S$가 환준동형사상일 때 A가 환 R의 부분환이면 $f(A)$는 환 S의 부분환이다.

증명 임의의 두 원소 $c, d \in f(A)$를 택하면

$$c = f(a), \qquad d = f(b)$$

를 만족시키는 원소 $a, b \in A$가 존재한다. 그런데 A가 환 R의 부분환이므로

$$a - b \in A, \qquad ab \in A$$

이다. 또한 f가 환준동형사상이므로

$$c - d = f(a) - f(b) = f(a-b) \in f(A),$$
$$cd = f(a)f(b) = f(ab) \in f(A)$$

이다. 그러므로 $f(A)$는 환 S의 부분환이다. ▣

예제 환 $\mathbb{Z}$와 환 $\mathbb{Z}_2$에 대하여 함수 $f : \mathbb{Z} \to \mathbb{Z}_2$를

$$f(n) = r, \qquad n = 2q + r \quad (0 \le r < 2)$$

으로 정의하면 f는 환준동형사상이고 $\mathbb{Z}$의 부분환 $3\mathbb{Z}$에 대하여 $f(3\mathbb{Z}) = \mathbb{Z}_2$는 $\mathbb{Z}_2$의 부분환이다.

예제 환 $\mathbb{R}$과 환 $\mathbb{C}$에 대하여 함수 $f : \mathbb{R} \to \mathbb{C}$를

$$f(a) = a, \qquad a \in \mathbb{R}$$

으로 정의하면 f는 환준동형사상이고 $\mathbb{R}$의 부분환 $\mathbb{Z}$에 대하여 $f(\mathbb{Z}) = \mathbb{Z}$는 $\mathbb{C}$의 부분환이다.

예제 환 $\mathbb{C}$에 대하여 함수 $f : \mathbb{C} \to \mathbb{C}$를

$$f(a+bi) = a - bi, \qquad a + bi \in \mathbb{C}$$

으로 정의하면 f는 환준동형사상이고 $\mathbb{C}$의 부분환 $\mathbb{R}$에 대하여 $f(\mathbb{R}) = \mathbb{R}$는 $\mathbb{C}$의 부분환이다.

예제 환 $\mathbb{Z}[x]$와 환 $\mathbb{Z}$에 대하여 함수 $f : \mathbb{Z}[x] \to \mathbb{Z}$를

$$f(g(x)) = g(0), \qquad g(x) \in \mathbb{Z}[x]$$

으로 정의하면 f는 환준동형사상이고 $\mathbb{Z}[x]$의 부분환 $2\mathbb{Z}[x]$에 대하여 $f(2\mathbb{Z}[x]) = 2\mathbb{Z}$는 $\mathbb{Z}$의 부분환이다.

예제 환 $\mathbb{Z}_2[x]$에 대하여 함수 $f : \mathbb{Z}_2[x] \to \mathbb{Z}_2[x]$를

$$f(g(x)) = g(x)^2, \qquad g(x) \in \mathbb{Z}_2[x]$$

으로 정의하면 f는 환준동형사상이고 $\mathbb{Z}_2[x]$의 부분환 $\mathbb{Z}_2$에 대하여 $f(\mathbb{Z}_2) = \mathbb{Z}_2$는 $\mathbb{Z}_2[x]$의 부분환이다.

예제 환 $\mathbb{Z}_3$와 환 $\mathbb{Z}_{12}$에 대하여 함수 $f : \mathbb{Z}_3 \to \mathbb{Z}_{12}$를

$$f(a)=4a, \qquad a\in\mathbb{Z}_3$$

으로 정의하면 f는 환준동형사상이고 $\mathbb{Z}_3$의 부분환 $\mathbb{Z}_3$에 대하여 $f(\mathbb{Z}_3)=\{0,4,8\}$는 $\mathbb{Z}_{12}$의 부분환이다.

정리

환 R과 환 S에 대하여 함수 $f: R\to S$가 환준동형사상일 때 A가 환 R의 아이디얼이면 $f(A)$는 환 $f(R)$의 아이디얼이다.

증명 임의의 원소 $c, d\in f(A)$와 $r\in f(R)$를 택하면

$$c=f(a), \quad d=f(b), \quad r=f(r_1)$$

을 만족시키는 원소 $a,b\in A$와 $r_1\in R$이 존재한다. 그런데 A는 환 R의 아이디얼이므로

$$a-b\in A, \qquad r_1a,\, ar_1\in A$$

이다. 또한 f가 환준동형사상이므로

$$c-d=f(a)-f(b)=f(a-b)\in f(A)$$
$$rc=f(r_1)f(a)=f(r_1a)\in f(A)$$
$$cr=f(a)f(r_1)=f(ar_1)\in f(A)$$

이다. 따라서 $f(A)$는 $f(R)$의 아이디얼이다. ▣

예제 환 $\mathbb{Z}$와 환 $\mathbb{Z}_2$에 대하여 함수 $f:\mathbb{Z}\to\mathbb{Z}_2$를

$$f(n)=r, \qquad n=2q+r \quad (0\le r<2)$$

으로 정의하면 f는 환준동형사상이고 $\mathbb{Z}$의 아이디얼 $5\mathbb{Z}$에 대하여 $f(5\mathbb{Z})=\mathbb{Z}_2$는 $f(\mathbb{Z})=\mathbb{Z}_2$의 아이디얼이다.

예제 환 $\mathbb{C}$에 대하여 함수 $f:\mathbb{C}\to\mathbb{C}$를

$$f(a+bi)=a-bi, \qquad a+bi\in\mathbb{C}$$

으로 정의하면 f는 환준동형사상이고 $\mathbb{C}$의 아이디얼 $\mathbb{C}$에 대하여 $f(\mathbb{C}) = \mathbb{C}$는 $f(\mathbb{C}) = \mathbb{C}$의 아이디얼이다.

예제 환 $\mathbb{Z}[x]$와 환 $\mathbb{Z}$에 대하여 함수 $f : \mathbb{Z}[x] \to \mathbb{Z}$를

$$f(g(x)) = g(0), \qquad g(x) \in \mathbb{Z}[x]$$

으로 정의하면 f는 환준동형사상이고 $\mathbb{Z}[x]$의 아이디얼 $3\mathbb{Z}[x]$에 대하여 $f(3\mathbb{Z}[x]) = 3\mathbb{Z}$는 $f(\mathbb{Z}[x]) = \mathbb{Z}$의 아이디얼이다.

정리

환 R과 환 S에 대하여 함수 $f : R \to S$가 환준동형사상일 때 다음 명제는 거짓이다.

"A가 환 R의 아이디얼이면 $f(A)$는 환 S의 아이디얼이다."

예제 환 $\mathbb{Z}$와 환 $\mathbb{R}$에 대하여 함수 $f : \mathbb{Z} \to \mathbb{R}$를

$$f(a) = a, \qquad a \in \mathbb{Z}$$

으로 정의하면 f는 환준동형사상이다.

또한 $f(\mathbb{Z}) = \mathbb{Z}$이다.

그런데 원소 $\sqrt{2} \in \mathbb{R}$와 원소 $3 \in \mathbb{Z}$에 대하여 $3\sqrt{2} \notin \mathbb{Z}$이므로 $\mathbb{Z}$는 $\mathbb{R}$의 아이디얼이 아니다.

따라서 $f(\mathbb{Z})$는 $\mathbb{R}$의 아이디얼이 아니다.

정리

환 R과 환 S에 대하여 함수 $f : R \to S$가 환준동형사상일 때 B가 환 S의 아이디얼이면 집합

$$A = \{a \in R \mid f(a) \in B\}$$

는 환 R의 아이디얼이다.

증명 임의의 원소 $a, b \in A$와 $r \in R$를 택하면

$$f(a), f(b) \in B$$

이다. 그런데 B가 환 S의 아이디얼이므로

$$f(a) - f(b) \in B, \qquad f(r)f(a),\ f(a)f(r) \in B$$

이고 f가 환준동형사상이므로

$$f(a-b) = f(a) - f(b) \in B$$
$$f(ra) = f(r)f(a) \in B$$
$$f(ar) = f(a)f(r) \in B$$

이다. 따라서 $a-b, ra, ar \in A$이므로 A는 R의 아이디얼이다. ▣

정리

단위원 1_R을 갖는 환 R과 환 S에 대하여 정의된 함수 $f: R \to S$가 환준동형사상일 때 $f(R) = S$이면 S는 단위원 1_S을 갖고 $f(1_R) = 1_S$이다.

증명 임의의 원소 $a \in S$를 택하면 가정에 의하여 $f(R) = S$이므로

$$f(b) = a$$

를 만족시키는 원소 $b \in R$가 존재한다. 그런데 $f: R \to S$가 환준동형사상이므로

$$a = f(b) = f(b)f(1_R) = af(1_R)$$
$$a = f(b) = f(1_R)f(b) = f(1_R)a$$

이다. 따라서 $f(1_R) = 1_S$이다. ▣

예제 환 $\mathbb{Z}$와 환 $\mathbb{Z}_2$에 대하여 함수 $f: \mathbb{Z} \to \mathbb{Z}_2$를

$$f(n) = r, \qquad n = 2q + r \quad (0 \le r < 2)$$

으로 정의하면 f는 환준동형사상이고 $f(\mathbb{Z}) = \mathbb{Z}_2$이다. 또한 $\mathbb{Z}$는 단위원 $1_{\mathbb{Z}}$을 갖는 환이므로 환 $\mathbb{Z}_2$는 단위원 $1_{\mathbb{Z}_2}$를 갖는 환이고 $f(1_{\mathbb{Z}}) = 1_{\mathbb{Z}_2}$이다.

예제 환 $\mathbb{C}$에 대하여 함수 $f:\mathbb{C}\to\mathbb{C}$를

$$f(a+bi)=a-bi, \qquad a+bi\in\mathbb{C}$$

으로 정의하면 f는 환준동형사상이고 $f(\mathbb{C})=\mathbb{C}$이다. 또한 환 $\mathbb{C}$는 단위원 $1_{\mathbb{C}}$를 갖는 환이므로 $f(1_{\mathbb{C}})=1_{\mathbb{C}}$이다.

예제 환 $\mathbb{Z}[x]$와 환 $\mathbb{Z}$에 대하여 함수 $f:\mathbb{Z}[x]\to\mathbb{Z}$를

$$f(g(x))=g(0), \qquad g(x)\in\mathbb{Z}[x]$$

으로 정의하면 f는 환준동형사상이고 $f(\mathbb{Z}[x])=\mathbb{Z}$이다. 또한 환 $\mathbb{Z}[x]$는 단위원 $1_{\mathbb{Z}[x]}$를 갖는 환이므로 환 $\mathbb{Z}$는 단위원 $1_{\mathbb{Z}}$를 갖는 환이고 $f(1_{\mathbb{Z}[x]})=1_{\mathbb{Z}}$이다.

예제 환 $\mathbb{Z}_2[x]$에 대하여 함수 $f:\mathbb{Z}_2[x]\to\mathbb{Z}_2[x]$를

$$f(g(x))=g(x)^2, \qquad g(x)\in\mathbb{Z}_2[x]$$

으로 정의하면 f는 환준동형사상이고 $f(\mathbb{Z}_2[x])=\mathbb{Z}_2[x]$이다. 또한 환 $\mathbb{Z}_2[x]$는 단위원 $1_{\mathbb{Z}_2[x]}$를 갖는 환이므로 $f(1_{\mathbb{Z}_2[x]})=1_{\mathbb{Z}_2[x]}$이다.

예제 함수 $f:R\to S$가 환준동형사상일 때 $f(R)\neq S$이면 정리는 성립하지 않는다는 것을 다음 예제를 통해서 알 수 있다.

환 $\mathbb{Z}_3$와 환 $\mathbb{Z}_{12}$에 대하여 함수 $f:\mathbb{Z}_3\to\mathbb{Z}_{12}$를

$$f(a)=4a, \qquad a\in\mathbb{Z}_3$$

으로 정의하면 f는 환준동형사상이고 $\mathbb{Z}_3$는 단위원 $1_{\mathbb{Z}_3}$를 갖는 환이다.

또한 $f(\mathbb{Z}_3)\neq\mathbb{Z}_{12}$이고 $f(1_{\mathbb{Z}_3})=4\neq 1_{\mathbb{Z}_{12}}$이다.

정리

환 R과 환 S에 대하여 정의된 함수 $f:R\to S$가 환동형사상이면 $f^{-1}:S\to R$는 환동형사상이다.

증명 임의의 원소 $a, b \in S$를 택하면

$$f(c) = a, \qquad f(d) = b$$

를 만족시키는 원소 $c, d \in R$가 존재한다. 그런데 f가 환동형사상이므로

$$f(c+d) = f(c) + f(d) = a + b$$
$$f(cd) = f(c)f(d) = ab$$

이다. 한편,

$$f^{-1}(a) = c, \qquad f^{-1}(b) = d$$

이므로

$$f^{-1}(a+b) = c+d = f^{-1}(a) + f^{-1}(b)$$
$$f^{-1}(ab) = cd = f^{-1}(a)f^{-1}(b)$$

이다. 즉, $f^{-1} : S \to R$는 환준동형사상이다.

또한 f가 일대일대응이므로 f^{-1}는 일대일대응이다.

따라서 결과적으로 f^{-1}는 환동형사상이다. ▣

정의

환 R과 환 S에 대하여 정의된 함수 $f : R \to S$가 환준동형사상일 때 집합

$$\ker f = \{a \in R \mid f(a) = 0_S\}$$

를 f의 **핵(kernel)**이라고 한다.

예제 환 R에 대하여 함수 $f : R \to R$를

$$f(a) = 0_R, \qquad a \in R$$

으로 정의하면 f는 환준동형사상이고 $\ker f$는 다음과 같다.

$$\ker f = \{a \in R \mid f(a) = 0_R\} = R$$

예제 환 $\mathbb{Z}$와 환 $\mathbb{Z}_2$에 대하여 함수 $f : \mathbb{Z} \to \mathbb{Z}_2$를

$$f(n)=r, \qquad n=2q+r \quad (0 \le r < 2)$$

으로 정의하면 f는 환준동형사상이고 $\ker f$는 다음과 같다.

$$\ker f=\{n\in \mathbb{Z} \mid f(n)=0\}=2\mathbb{Z}$$

예제 환 $\mathbb{R}$과 환 $\mathbb{C}$에 대하여 함수 $f:\mathbb{R}\to\mathbb{C}$를

$$f(a)=a, \qquad a\in\mathbb{R}$$

으로 정의하면 f는 환준동형사상이고 $\ker f$는 다음과 같다.

$$\ker f=\{a\in\mathbb{R} \mid f(a)=0\}=\{a\in\mathbb{R} \mid a=0\}=\{0\}$$

예제 환 $\mathbb{C}$에 대하여 함수 $f:\mathbb{C}\to\mathbb{C}$를

$$f(a+bi)=a-bi, \qquad a+bi\in\mathbb{C}$$

으로 정의하면 f는 환준동형사상이고 $\ker f$는 다음과 같다.

$$\ker f=\{a+bi\in\mathbb{C} \mid f(a+bi)=0\}=\{a+bi\in\mathbb{C} \mid a-bi=0\}=\{0\}$$

예제 환 $\mathbb{Z}[x]$와 환 $\mathbb{Z}$에 대하여 함수 $f:\mathbb{Z}[x]\to\mathbb{Z}$를

$$f(g(x))=g(0), \qquad g(x)\in\mathbb{Z}[x]$$

으로 정의하면 f는 환준동형사상이고 $\ker f$는 다음과 같다.

$$\begin{aligned}\ker f&=\{g(x)\in\mathbb{Z}[x] \mid f(g(x))=0\}\\&=\{g(x)\in\mathbb{Z}[x] \mid g(0)=0\}\\&=\{xh(x)\in\mathbb{Z}[x] \mid h(x)\in\mathbb{Z}[x]\}\end{aligned}$$

예제 환 $\mathbb{Z}_3$와 환 $\mathbb{Z}_{12}$에 대하여 함수 $f:\mathbb{Z}_3\to\mathbb{Z}_{12}$를

$$f(a)=4a, \qquad a\in\mathbb{Z}_3$$

으로 정의하면 f는 환준동형사상이고 $\ker f$는 다음과 같다.

$$\ker f=\{a\in\mathbb{Z}_3 \mid f(a)=0\}=\{a\in\mathbb{Z}_3 \mid 4a=0\}=\{0\}$$

예제 단위원 1_R을 포함하고 표수가 0인 환 R에 대하여 함수 $f : \mathbb{Z} \to R$를

$$f(n) = n1_R, \qquad n \in \mathbb{Z}$$

으로 정의하면 f는 환준동형사상이다.

또한 임의의 원소 $n \neq 0 \in \mathbb{Z}$에 대하여 $n1_R \neq 0$이므로 $\ker f$는 다음과 같다.

$$\ker f = \{n \in \mathbb{Z} \mid f(n) = 0_R\} = \{n \in \mathbb{Z} \mid n1_R = 0_R\} = \{0\}$$

예제 단위원 1_R을 포함하고 표수가 m인 환 R에 대하여 함수 $f : \mathbb{Z} \to R$를

$$f(n) = n1_R, \qquad n \in \mathbb{Z}$$

으로 정의하면 f는 환준동형사상이다.

또한 R의 표수가 m이므로 $\ker f$는 다음과 같다.

$$\ker f = \{n \in \mathbb{Z} \mid f(n) = 0_R\} = \{n \in \mathbb{Z} \mid n1_R = 0_R\} = m\mathbb{Z}$$

정리

환 R과 환 S에 대하여 정의된 함수 $f : R \to S$가 환준동형사상일 때 $\ker f$는 환 R의 아이디얼이다.

증명 임의의 원소 $a, b \in \ker f$와 $r \in R$에 대하여

$$f(a) = 0_S = f(b)$$

이다. 따라서

$$f(a-b) = f(a) - f(b) = 0_S - 0_S = 0_S$$
$$f(ra) = f(r)f(a) = f(r)0_S = 0_S$$
$$f(ar) = f(a)f(r) = 0_S f(r) = 0_S$$

이다. 그러므로

$$a-b,\ ra,\ ar \in \ker f$$

이다. 따라서 $\ker f$는 환 R의 아이디얼이다. ▣

예제 환 $\mathbb{Z}$와 환 $\mathbb{Z}_2$에 대하여 함수 $f : \mathbb{Z} \to \mathbb{Z}_2$를

$$f(n) = r, \qquad n = 2q + r \quad (0 \le r < 2)$$

으로 정의하면 f는 환준동형사상이므로 $\ker f = 2\mathbb{Z}$는 $\mathbb{Z}$의 아이디얼이다.

예제 환 $\mathbb{Z}[x]$와 환 $\mathbb{Z}$에 대하여 함수 $f : \mathbb{Z}[x] \to \mathbb{Z}$를

$$f(g(x)) = g(0), \qquad g(x) \in \mathbb{Z}[x]$$

으로 정의하면 f는 환준동형사상이므로 $\ker f = \{xf(x) \mid f(x) \in \mathbb{Z}[x]\}$는 $\mathbb{Z}[x]$의 아이디얼이다.

정리

환 R과 환 S에 대하여 정의된 함수 $f : R \to S$가 환준동형사상일 때 다음 명제는 참이다.

"$\ker f = \{0_R\}$이기 위한 필요충분조건은 f는 일대일사상이다."

증명 우선 $\ker f = \{0_R\}$이라고 가정하자. 그러면 원소 $a, b \in R$에 대하여

$$f(a) = f(b)$$

라고 가정할 때 $f(a-b) = 0_S$이므로

$$a - b \in \ker f$$

이다. 그런데 $\ker f = \{0_R\}$이므로 $a = b$이다. 그러므로 f는 일대일사상이다.

역으로 $a \in \ker f$이면

$$f(a) = 0_S = f(0_R)$$

이다. 그런데 f가 일대일사상이므로 $a = 0_R$이다. 따라서

$$\ker f = \{0_R\}$$

이다. ▣

예제 환 R에 대하여 정의된 환준동형사상

$$f : R \to R, \qquad f(a) = 0_R, \qquad a \in R$$

에 대하여

$$\ker f = \{a \in R \mid f(a) = 0_R\} = R$$

이므로 $R \neq \{0_R\}$인 경우에 f는 일대일사상이 아니다.

예제 환 $\mathbb{Z}$와 환 $\mathbb{Z}_2$에 대하여 정의된 환준동형사상

$$f : \mathbb{Z} \to \mathbb{Z}_2, \quad f(n) = r, \qquad n = 2q + r \quad (0 \le r < 2)$$

에 대하여

$$\ker f = \{n \in \mathbb{Z} \mid f(n) = 0\} = 2\mathbb{Z} \neq \{0\}$$

이므로 f는 일대일사상이 아니다.

예제 환 $\mathbb{R}$과 환 $\mathbb{C}$에 대하여 정의된 환준동형사상

$$f : \mathbb{R} \to \mathbb{C}, \qquad f(a) = a, \qquad a \in \mathbb{R}$$

에 대하여

$$\ker f = \{a \in \mathbb{R} \mid f(a) = 0\} = \{a \in \mathbb{R} \mid a = 0\} = \{0\}$$

이므로 f는 일대일사상이다.

예제 환 $\mathbb{C}$에 대하여 정의된 환준동형사상

$$f : \mathbb{C} \to \mathbb{C}, \qquad f(a+bi) = a - bi, \qquad a+bi \in \mathbb{C}$$

에 대하여

$$\ker f = \{a+bi \in \mathbb{C} \mid f(a+bi) = 0\} = \{a+bi \in \mathbb{C} \mid a - bi = 0\} = \{0\}$$

이므로 f는 일대일사상이다.

예제 환 $\mathbb{Z}[x]$와 환 $\mathbb{Z}$에 대하여 정의된 환준동형사상

$$f : \mathbb{Z}[x] \to \mathbb{Z}, \qquad f(g(x)) = g(0), \qquad g(x) \in \mathbb{Z}[x]$$

에 대하여

$$\begin{aligned} \ker f &= \{g(x) \in \mathbb{Z}[x] \mid f(g(x)) = 0\} \\ &= \{g(x) \in \mathbb{Z}[x] \mid g(0) = 0\} \\ &= \{xh(x) \in \mathbb{Z}[x] \mid h(x) \in \mathbb{Z}[x]\} \\ &\neq \{0\} \end{aligned}$$

이므로 f는 일대일사상이 아니다.

예제 환 $\mathbb{Z}_3$와 환 $\mathbb{Z}_{12}$에 대하여 정의된 환준동형사상

$$f : \mathbb{Z}_3 \to \mathbb{Z}_{12}, \qquad f(a) = 4a, \qquad a \in \mathbb{Z}_3$$

에 대하여

$$\ker f = \{a \in \mathbb{Z}_3 \mid f(a) = 0\} = \{a \in \mathbb{Z}_3 \mid 4a = 0\} = \{0\}$$

이므로 f는 일대일사상이다.

예제 단위원 1_R을 포함하고 표수가 0인 환 R에 대하여 정의된 환준동형사상

$$f : \mathbb{Z} \to R, \qquad f(n) = n1_R, \qquad n \in \mathbb{Z}$$

에 대하여

$$\ker f = \{n \in \mathbb{Z} \mid f(n) = 0_R\} = \{n \in \mathbb{Z} \mid n1_R = 0_R\} = \{0\}$$

이므로 f는 일대일사상이다.

예제 단위원 1_R을 포함하고 표수가 m인 환 R에 대하여 정의된 환준동형사상

$$f : \mathbb{Z} \to R, \qquad f(n) = n1_R, \qquad n \in \mathbb{Z}$$

에 대하여

$$\ker f = \{n \in \mathbb{Z} \mid f(n) = 0_R\} = \{n \in \mathbb{Z} \mid n1_R = 0_R\} = m\mathbb{Z} \neq \{0\}$$

이므로 f는 일대일사상이 아니다.

정리

환 R과 환 S에 대하여 정의된 함수 $f : R \to S$가 환준동형사상일 때 잉여환 $R/\ker f$는 $f(R)$과 동형이다.

증명 우선 $K = \ker f$로 놓고 함수 $\Phi : R/K \to f(R)$를

$$\Phi(a+K) = f(a), \qquad a \in R$$

으로 정의하면 Φ는 동형사상임을 다음과 같이 보일 수 있다.

(i) 임의의 원소 $a+K,\ b+K \in R/K$에 대하여

$$a+K = b+K$$

이라면 $a-b \in K$이므로

$$f(a) - f(b) = f(a-b) = 0_S$$

이다. 따라서

$$f(a) = f(b)$$

이므로 Φ는 잘 정의된 사상이다.

(ii) 임의의 원소 $a+K,\ b+K \in R/K$에 대하여

$$\begin{aligned}\Phi((a+K)+(b+K)) &= \Phi(a+b+K)\\ &= f(a+b) = f(a)+f(b)\\ &= \Phi(a+K)+\Phi(b+K)\end{aligned}$$

$$\begin{aligned}\Phi((a+K)(b+K)) &= \Phi(ab+K)\\ &= f(ab) = f(a)f(b)\\ &= \Phi(a+K)\Phi(b+K)\end{aligned}$$

이므로 Φ는 환준동형사상이다.

(iii) 만일 $a+K \in \ker \Phi$이라면 $f(a) = 0_S$이므로 $a \in K$이다. 따라서

$$\ker \Phi = \{0_R + K\}$$

이다. 또한

$$\Phi(R/K) = \{f(a) \mid a \in R\} = f(R)$$

이므로 Φ는 일대일대응이다.

결과적으로, Φ는 동형사상이므로 잉여환 $R/\ker f$는 $f(R)$과 동형이다. ▣

예제 환 R에 대하여 함수 $f: R \to R$를

$$f(a) = a, \qquad a \in R$$

으로 정의하면 f는 환준동형사상이고

$$\ker f = \{0_R\}, \qquad f(R) = R$$

이므로 $R/\{0_R\} \cong R$이다.

예제 환 R에 대하여 함수 $f: R \to R$를

$$f(a) = 0_R, \qquad a \in R$$

으로 정의하면 f는 환준동형사상이고

$$\ker f = R, \qquad f(R) = \{0_R\}$$

이므로 $R/R \cong \{0_R\}$이다.

예제 환 $\mathbb{Z}$와 환 $\mathbb{Z}_2$에 대하여 함수 $f: \mathbb{Z} \to \mathbb{Z}_2$를

$$f(n) = r, \qquad n = 2q + r \quad (0 \le r < 2)$$

으로 정의하면 f는 환준동형사상이고

$$\ker f = 2\mathbb{Z}, \qquad f(\mathbb{Z}) = \mathbb{Z}_2$$

이므로 $\mathbb{Z}/2\mathbb{Z} \cong \mathbb{Z}_2$이다.

예제 환 $\mathbb{R}$과 환 $\mathbb{C}$에 대하여 함수 $f: \mathbb{R} \to \mathbb{C}$를

$$f(a) = a, \qquad a \in \mathbb{R}$$

으로 정의하면 f는 환준동형사상이고

$$\ker f = \{0\}, \qquad f(\mathbb{R}) = \mathbb{R}$$

이므로 $\mathbb{R}/\{0\} \cong \mathbb{R}$ 이다.

예제 환 $\mathbb{C}$ 에 대하여 함수 $f : \mathbb{C} \to \mathbb{C}$ 를

$$f(a+bi) = a-bi, \qquad a+bi \in \mathbb{C}$$

으로 정의하면 f는 환준동형사상이고

$$\ker f = \{0\}, \qquad f(\mathbb{C}) = \mathbb{C}$$

이므로 $\mathbb{C}/\{0\} \cong \mathbb{C}$ 이다.

예제 환 $\mathbb{Z}[x]$와 환 $\mathbb{Z}$에 대하여 함수 $f : \mathbb{Z}[x] \to \mathbb{Z}$를

$$f(g(x)) = g(0), \qquad g(x) \in \mathbb{Z}[x]$$

으로 정의하면 f는 환준동형사상이고

$$\ker f = \langle x \rangle, \qquad f(\mathbb{Z}[x]) = \mathbb{Z}$$

이므로 $\mathbb{Z}[x]/\langle x \rangle \cong \mathbb{Z}$ 이다.

예제 환 $\mathbb{Z}_3$와 환 $\mathbb{Z}_{12}$에 대하여 함수 $f : \mathbb{Z}_3 \to \mathbb{Z}_{12}$를

$$f(a) = 4a, \qquad a \in \mathbb{Z}_3$$

으로 정의하면 f는 환준동형사상이고

$$\ker f = \{0\}, \qquad f(\mathbb{Z}_3) = \{0,4,8\}$$

이므로 $\mathbb{Z}_3/\{0\} \cong \{0,4,8\}$ 이다.

예제 단위원 1_R을 포함하고 표수가 0인 환 R에 대하여 함수 $f : \mathbb{Z} \to R$를

$$f(n) = n1_R, \qquad n \in \mathbb{Z}$$

으로 정의하면 f는 환준동형사상이고

$$\ker f = \{0\}, \qquad f(\mathbb{Z}) = \{n1_R \mid n \in \mathbb{Z}\}$$

이므로 $\mathbb{Z}/\{0\} \cong \{n1_R \mid n \in \mathbb{Z}\}$ 이다.

예제 단위원 1_R을 포함하고 표수가 m인 환 R에 대하여 함수 $f: \mathbb{Z} \to R$를

$$f(n) = n1_R, \qquad n \in \mathbb{Z}$$

으로 정의하면 f는 환준동형사상이고

$$\ker f = m\mathbb{Z}, \qquad f(\mathbb{Z}) = \{n1_R \mid n = 0, 1, \cdots, m-1\}$$

이므로 $\mathbb{Z}/m\mathbb{Z} \cong \{n1_R \mid n = 0, 1, \cdots, m-1\}$이다.

정리

단위원 1_R을 갖는 환 R의 표수가 0이면 R은 $\mathbb{Z}$와 동형인 부분환을 포함한다.

증명 함수 $f: \mathbb{Z} \to R$를

$$f(n) = n1_R, \qquad n \in \mathbb{Z}$$

으로 정의하면 f는 환준동형사상이고

$$\ker f = \{0\}, \qquad f(\mathbb{Z}) = \{n1_R \mid n \in \mathbb{Z}\}$$

이므로

$$\mathbb{Z}/\{0\} \cong \{n1_R \mid n \in \mathbb{Z}\}$$

이다. 그런데

$$\mathbb{Z}/\{0\} \cong \mathbb{Z}$$

이므로

$$\mathbb{Z} \cong \{n1_R \mid n \in \mathbb{Z}\}$$

이다. 따라서 R은 $\mathbb{Z}$와 동형인 부분환 $f(\mathbb{Z}) = \{n1_R \mid n \in \mathbb{Z}\}$를 포함한다. ▣

예제 환 $\mathbb{R}$은 표수가 0이고 단위원 1을 갖는 환이므로 $\mathbb{R}$은 $\mathbb{Z}$와 동형인 부분환을 포함한다.

예제 환 $\mathbb{Z}[x]$는 표수가 0이고 단위원 1을 갖는 환이므로 $\mathbb{Z}[x]$는 $\mathbb{Z}$와 동형인 부분환을 포함한다.

정리

단위원 1_R을 갖는 환 R의 표수가 m이면 R은 $\mathbb{Z}_m$과 동형인 부분환을 포함한다.

증명 함수 $f: \mathbb{Z} \to R$를

$$f(n) = n1_R, \qquad n \in \mathbb{Z}$$

으로 정의하면 f는 환준동형사상이고

$$\ker f = m\mathbb{Z}, \qquad f(\mathbb{Z}) = \{n1_R \mid n = 0, 1, \cdots, m-1\}$$

이므로

$$\mathbb{Z}/m\mathbb{Z} \cong \{n1_R \mid n = 0, 1, \cdots, m-1\}$$

이다. 그런데

$$\mathbb{Z}/m\mathbb{Z} \cong \mathbb{Z}_m$$

이므로

$$\mathbb{Z}_m \cong \{n1_R \mid n = 0, 1, \cdots, m-1\}$$

이다. 따라서 R은 $\mathbb{Z}_m$과 동형인 부분환 $\{n1_R \mid n = 0, 1, \cdots, m-1\}$을 포함한다. ▣

예제 $\mathbb{Z}_{12}[x]$는 단위원 1을 갖고 $char(\mathbb{Z}_{12}[x]) = 12$인 환이므로 $\mathbb{Z}_{12}[x]$는 $\mathbb{Z}_{12}$와 동형인 부분환을 포함한다.

정리

환 R의 표수가 소수 p이면 R은 $\mathbb{Z}_p$와 동형인 부분체를 포함한다.

증명 환 R은 준동형사상

$$f: \mathbb{Z} \to R, \qquad f(m) = m1_R \qquad (m \in \mathbb{Z})$$

에 의하여 $\mathbb{Z}_p$와 동형인 부분환 R_1을 포함한다.

그런데 $\mathbb{Z}_p$는 체이므로 R_1은 체이다.

따라서 R은 $\mathbb{Z}_p$와 동형인 부분체 R_1을 포함한다. ▣

예제 환 $\mathbb{Z}_7[x]$의 표수는 소수 7이므로 $\mathbb{Z}_7[x]$는 $\mathbb{Z}_7$과 동형인 부분체를 포함한다.

정리

S가 환 R의 아이디얼일 때 함수

$$f : R \to R/S, \qquad f(a) = a + S, \qquad a \in R$$

는 환준동형사상이고 $\ker f = S$이다.

증명 임의의 원소 $a, b \in R$에 대하여

$$f(a+b) = (a+b) + S = (a+S) + (b+S) = f(a) + f(b)$$
$$f(ab) = ab + S = (a+S)(b+S) = f(a)f(b)$$

이므로 f는 환준동형사상이다.

만일 $a \in \ker f$이라면

$$a + S = f(a) = 0_R + S$$

이므로 $a \in S$이다. 따라서 $\ker f \subset S$이다.

또한 임의의 원소 $a \in S$에 대하여

$$f(a) = a + S = 0_R + S$$

이므로 $a \in \ker f$이다. 따라서 $S \subset \ker f$이다.

결과적으로 $\ker f = S$이다. ▣

정리

환 R의 부분환 S_1과 R의 아이디얼 S_2에 대하여 다음 동형관계가 성립한다.

$$S_1 / S_1 \cap S_2 \cong (S_1 + S_2) / S_2$$

증명 함수 $f : S_1 \to R/S_2$를

$$f(a) = a + S_2, \qquad a \in S_1$$

으로 정의하면

$$f(a+b) = (a+b) + S_2 = (a+S_2) + (b+S_2) = f(a) + f(b)$$
$$f(ab) = ab + S_2 = (a+S_2)(b+S_2) = f(a)f(b)$$

이므로 f는 환준동형사상이다. 또한

$$\begin{aligned} \ker f &= \{a \in S_1 \mid f(a) = 0_R + S_2\} \\ &= \{a \in S_1 \mid a \in S_2\} \\ &= S_1 \cap S_2 \\ f(S_1) &= \{a + S_2 \mid a \in S_1\} \\ &= \{(a+b) + S_2 \mid a \in S_1,\ b \in S_2\} \\ &= (S_1 + S_2)/S_2 \end{aligned}$$

이다. 그런데

$$S_1/\ker f \cong f(S_1)$$

이므로 $S_1/S_1 \cap S_2 \cong (S_1 + S_2)/S_2$이다. ▣

예제 환 $\mathbb{Z}$의 부분환 $5\mathbb{Z}$와 $\mathbb{Z}$의 아이디얼 $3\mathbb{Z}$에 대하여

$$5\mathbb{Z}/(5\mathbb{Z} \cap 3\mathbb{Z}) \cong (5\mathbb{Z} + 3\mathbb{Z})/3\mathbb{Z}$$

이다. 그런데

$$5\mathbb{Z} \cap 3\mathbb{Z} = 15\mathbb{Z}, \qquad 5\mathbb{Z} + 3\mathbb{Z} = \mathbb{Z}$$

이므로

$$5\mathbb{Z}/15\mathbb{Z} \cong \mathbb{Z}/3\mathbb{Z}$$

예제 환 $\mathbb{Z}[x]$의 부분환 $5\mathbb{Z}$와 $\mathbb{Z}[x]$의 아이디얼 $3\mathbb{Z}[x]$에 대하여

$$5\mathbb{Z}/(5\mathbb{Z} \cap 3\mathbb{Z}[x]) \cong (5\mathbb{Z} + 3\mathbb{Z}[x])/3\mathbb{Z}[x]$$

이다. 그런데

$$5\mathbb{Z} \cap 3\mathbb{Z}[x] = 15\mathbb{Z}$$

이므로

$$5\mathbb{Z}/15\mathbb{Z} \cong (5\mathbb{Z} + 3\mathbb{Z}[x])/3\mathbb{Z}[x]$$

정리

환 R의 아이디얼 S_1과 S_2에 대하여 $S_2 \subset S_1$이면 다음 동형관계가 성립한다.

$$(R/S_2)/(S_1/S_2) \cong R/S_1$$

증명 함수 $f : R/S_2 \to R/S_1$를

$$f(a+S_2) = a+S_1, \qquad a \in R$$

으로 정의하자.

만일 원소 $a, b \in R$에 대하여 $a+S_2 = b+S_2$라면 $a-b \in S_2$이고 가정에 의하여 $S_2 \subset S_1$이므로 $a-b \in S_1$이다. 따라서 $a+S_1 = b+S_1$이므로 f는 잘 정의된 사상이다. 또한

$$\begin{aligned} f((a+S_2)+(b+S_2)) &= f((a+b)+S_2) \\ &= (a+b)+S_1 \\ &= (a+S_1)+(b+S_1) \\ &= f(a+S_2)+f(b+S_2) \end{aligned}$$

$$\begin{aligned} f((a+S_2)(b+S_2)) &= f(ab+S_2) \\ &= ab+S_1 \\ &= (a+S_1)(b+S_1) \\ &= f(a+S_2)f(b+S_2) \end{aligned}$$

이므로 f는 환준동형사상이다. 한편

$$\begin{aligned} \ker f &= \{a+S_2 \in R/S_2 \mid f(a+S_2) = 0_R + S_1\} \\ &= \{a+S_2 \in R/S_2 \mid a+S_1 = 0_R + S_1\} \\ &= \{a+S_2 \in R/S_2 \mid a \in S_1\} \\ &= S_1/S_2 \end{aligned}$$

$$\begin{aligned} f(R/S_2) &= \{f(a+S_2) \mid a \in R\} \\ &= \{a+S_1 \mid a \in R\} \\ &= R/S_1 \end{aligned}$$

이다. 그런데

$$(R/S_2)/\ker f \cong f(R/S_2)$$

이므로 동형관계 $(R/S_2)/(S_1/S_2) \cong R/S_1$이 성립한다. ▣

예제 환 $\mathbb{Z}$의 아이디얼 $3\mathbb{Z}$와 $15\mathbb{Z}$에 대하여 $15\mathbb{Z} \subset 3\mathbb{Z}$이므로

$$(\mathbb{Z}/15\mathbb{Z})/(3\mathbb{Z}/15\mathbb{Z}) \cong \mathbb{Z}/3\mathbb{Z}$$

예제 환 $\mathbb{Z}[x]$의 아이디얼 $2\mathbb{Z}[x]$와 $4\mathbb{Z}[x]$에 대하여 $4\mathbb{Z}[x] \subset 2\mathbb{Z}[x]$이므로

$$(\mathbb{Z}[x]/4\mathbb{Z}[x])/(2\mathbb{Z}[x]/4\mathbb{Z}[x]) \cong \mathbb{Z}[x]/2\mathbb{Z}[x]$$

정리

환 R이 정역이면 R과 동형인 부분환을 포함하는 체 F가 존재한다.

증명 집합 $T = \{(a,b) \mid a,b \in R,\ b \neq 0_R\}$에 속하는 임의의 두 원소 (a,b)와 (c,d)에 대하여 관계 "$\sim$"를

$$\text{“}(a,b) \sim (c,d) \Leftrightarrow ad = bc\text{”}$$

로 정의하면 "$\sim$"는 집합 T에서 정의되는 동치관계임을 다음과 같이 보일 수 있다.

(i) $(a,b) \sim (a,b)$: R이 정역이므로 $ab = ba$이다. 따라서 $(a,b) \sim (a,b)$이다.

(ii) $(a,b) \sim (c,d)$이면 $(c,d) \sim (a,b)$: $(a,b) \sim (c,d)$이면 $ad = bc$이고 R은 정역이므로 $cb = da$이다. 따라서 $(c,d) \sim (a,b)$이다.

(iii) $(a,b) \sim (c,d)$이고 $(c,d) \sim (s,t)$이면 $(a,b) \sim (s,t)$: $(a,b) \sim (c,d)$이고 $(c,d) \sim (s,t)$이므로 $ad = bc$이고 $ct = ds$이다.
따라서 $adt = bct = bds$이므로 $(at - bs)d = 0$이다. 그런데 R은 정역이고 $d \neq 0$이므로 $at = bs$이다. 즉, $(a,b) \sim (s,t)$이다.

이제

$$\frac{a}{b} = \{(c,d) \in T \mid (a,b) \sim (c,d)\}$$

이라고 놓으면 집합

$$F = \left\{ \frac{a}{b} \mid a,b \in R,\ b \neq 0_R \right\}$$

는 다음과 같은 연산에 대하여 잘 정의된 집합이다.

$$\frac{a}{b} + \frac{c}{d} = \frac{ad+bc}{bd}, \qquad \frac{a}{b}\frac{c}{d} = \frac{ac}{bd}$$

우선 연산이 잘 정의된 연산임을 보이기 위하여 원소 $\frac{a_1}{b_1}, \frac{a_2}{b_2}, \frac{c_1}{d_1}, \frac{c_2}{d_2} \in F$에 대하여

$$\frac{a_1}{b_1} = \frac{a_2}{b_2}, \qquad \frac{c_1}{d_1} = \frac{c_2}{d_2}$$

이라 가정하자. 그러면

$$a_1b_2 = b_1a_2, \qquad c_1d_2 = d_1c_2$$

이다. 따라서

$$\begin{aligned}(a_1d_1 + b_1c_1)b_2d_2 &= a_1b_2d_1d_2 + c_1d_2b_1b_2 \\ &= b_1a_2d_1d_2 + d_1c_2b_1b_2 \\ &= (a_2d_2 + c_2b_2)b_1d_1\end{aligned}$$

이므로

$$\frac{a_1}{b_1} + \frac{c_1}{d_1} = \frac{a_1d_1 + b_1c_1}{b_1d_1} = \frac{a_2d_2 + b_2c_2}{b_2d_2} = \frac{a_2}{b_2} + \frac{c_2}{d_2}$$

이다. 또한

$$a_1c_1b_2d_2 = a_1b_2c_1d_2 = b_1a_2d_1c_2 = b_1d_1a_2c_2$$

이므로

$$\frac{a_1}{b_1}\frac{c_1}{d_1} = \frac{a_1c_1}{b_1d_1} = \frac{a_2c_2}{b_2d_2} = \frac{a_2}{b_2}\frac{c_2}{d_2}$$

이다. 즉, 집합 F에 주어진 연산은 잘 정의된 연산이다.

또한 집합 F가 체의 구조를 갖는다는 것을 다음과 같이 보일 수 있다.

임의의 원소 $\frac{a_1}{b_1}, \frac{a_2}{b_2}, \frac{a_3}{b_3} \in F$에 대하여

$$\frac{a_1}{b_1}+\frac{a_2}{b_2}=\frac{a_1b_2+b_1a_2}{b_1b_2}\in F$$

$$\frac{a_1}{b_1}\frac{a_2}{b_2}=\frac{a_1a_2}{b_1b_2}\in F$$

이므로 집합 F는 덧셈과 곱셈연산에 대하여 닫혀있다.

또한 다음과 같은 성질이 성립한다.

(1) 덧셈에 대한 교환법칙 :

$$\frac{a_1}{b_1}+\frac{a_2}{b_2}=\frac{a_1b_2+b_1a_2}{b_1b_2}=\frac{a_2b_1+b_2a_1}{b_2b_1}=\frac{a_2}{b_2}+\frac{a_1}{b_1}$$

(2) 덧셈에 대한 결합법칙 :

$$\left(\frac{a_1}{b_1}+\frac{a_2}{b_2}\right)+\frac{a_3}{b_3}=\frac{(a_1b_2+b_1a_2)b_3+b_1b_2a_3}{b_1b_2b_3}$$

$$=\frac{a_1b_2b_3+b_1(a_2b_3+b_2a_3)}{b_1b_2b_3}=\frac{a_1}{b_1}+\left(\frac{a_2}{b_2}+\frac{a_3}{b_3}\right)$$

(3) 덧셈에 대한 항등원 : $\frac{0_R}{1_R}\in F$이고

$$\frac{a_1}{b_1}+\frac{0_R}{1_R}=\frac{a_1+0_R}{b_1}=\frac{a_1}{b_1}$$

이므로 덧셈에 대한 항등원 $\frac{0_R}{1_R}\in F$이 존재한다.

(4) 덧셈에 대한 역원 : $\frac{-a_1}{b_1}\in F$이고

$$\frac{a_1}{b_1}+\frac{-a_1}{b_1}=\frac{a_1b_1-b_1a_1}{b_1b_1}=\frac{0_R}{b_1b_1}=\frac{0_R}{1_R}$$

이므로 원소 $\frac{a_1}{b_1}\in F$의 덧셈에 대한 역원 $\frac{-a_1}{b_1}\in F$이 존재한다.

(5) 곱에 대한 교환법칙 : $\frac{a_1}{b_1}\frac{a_2}{b_2}=\frac{a_1a_2}{b_1b_2}=\frac{a_2a_1}{b_2b_1}=\frac{a_2}{b_2}\frac{a_1}{b_1}$

(6) 곱에 대한 결합법칙 : $\left(\frac{a_1}{b_1}\frac{a_2}{b_2}\right)\frac{a_3}{b_3}=\frac{(a_1a_2)a_3}{(b_1b_2)b_3}=\frac{a_1(a_2a_3)}{b_1(b_2b_3)}=\frac{a_1}{b_1}\left(\frac{a_2}{b_2}\frac{a_3}{b_3}\right)$

(7) 곱에 대한 항등원 : 환 R이 정역이므로 1_R이 존재하고 $\dfrac{1_R}{1_R} \in F$이다. 또한

$$\frac{a_1}{b_1}\frac{1_R}{1_R} = \frac{a_1}{b_1} = \frac{1_R}{1_R}\frac{a_1}{b_1}$$

이므로 곱에 대한 항등원 $\dfrac{1_R}{1_R} \in F$이 존재한다.

(8) 곱에 대한 역원 : $\dfrac{a_1}{b_1} \neq \dfrac{0_R}{1_R}$ 이면 $a_1 \neq 0_R$이고 $\dfrac{b_1}{a_1} \in F$이다. 또한

$$\frac{a_1}{b_1}\frac{b_1}{a_1} = \frac{a_1 b_1}{b_1 a_1} = \frac{1_R}{1_R}$$

이므로 원소 $\dfrac{a_1}{b_1}$의 곱에 대한 역원 $\dfrac{b_1}{a_1} \in F$이 존재한다.

(9) 배분법칙 :

$$\begin{aligned}\frac{a_1}{b_1}\left(\frac{a_2}{b_2}+\frac{a_3}{b_3}\right) &= \frac{a_1(a_2b_3+b_2a_3)}{b_1(b_2b_3)} = \frac{a_1a_2b_1b_3+b_1b_2a_1a_3}{(b_1b_2)(b_1b_3)} \\ &= \left(\frac{a_1}{b_1}\frac{a_2}{b_2}\right)+\left(\frac{a_1}{b_1}\frac{a_3}{b_3}\right)\end{aligned}$$

$$\begin{aligned}\left(\frac{a_1}{b_1}+\frac{a_2}{b_2}\right)\frac{a_3}{b_3} &= \frac{(a_1b_2+b_1a_2)a_3}{(b_1b_2)b_3} = \frac{a_1a_3b_2b_3+b_1b_3a_2a_3}{(b_1b_3)(b_2b_3)} \\ &= \left(\frac{a_1}{b_1}\frac{a_3}{b_3}\right)+\left(\frac{a_2}{b_2}\frac{a_3}{b_3}\right)\end{aligned}$$

따라서 F는 체가 됨을 알 수 있다.

이제 함수 $f : R \to F$를

$$f(a) = \frac{a}{1_R}, \qquad a \in R$$

으로 정의하면 임의의 원소 $a, b \in R$에 대하여

$$f(a+b) = \frac{a+b}{1_R} = \frac{a}{1_R} + \frac{b}{1_R} = f(a)+f(b)$$

$$f(ab) = \frac{ab}{1_R} = \frac{a}{1_R}\frac{b}{1_R} = f(a)f(b)$$

이므로 f는 환준동형사상이다. 또한

$$\ker f=\left\{a\in R \mid \frac{a}{1_R}=\frac{0_R}{1_R}\right\}=\{a\in R \mid a=0_R\}=\{0_R\}$$

이므로 f는 일대일사상이다. 따라서

$$R\cong f(R)\subset F$$

이므로 체 F는 R과 동형인 부분환 $f(R)$을 포함한다. ▣

예제 환 $\mathbb{Z}$가 정역이므로 $\mathbb{Z}$와 동형인 부분환을 포함하는 체 F가 존재한다. 실제로 $F=\left\{\frac{n}{m} \mid n,m\in\mathbb{Z},\ m\neq 0\right\}=\mathbb{Q}$ 이다.

예제 환 $\mathbb{Z}[x]$은 정역이므로 $\mathbb{Z}[x]$와 동형인 부분환을 포함하는 체

$$F=\left\{\frac{f(x)}{g(x)} \mid f(x),g(x)\in\mathbb{Z}[x],\ g(x)\neq 0\right\}$$

가 존재한다.

정의

환 R이 정역일 때 R과 동형인 부분환을 포함하는 체

$$F=\left\{\frac{a}{b} \mid a,b\in R,\ b\neq 0_R\right\}$$

를 R의 **분수체(field of quotients)**라고 한다.

예제 환 $\mathbb{Z}$의 분수체는 $F=\left\{\frac{n}{m} \mid n,m\in\mathbb{Z},\ m\neq 0\right\}=\mathbb{Q}$ 이다.

정리

환 R이 정역이고 F가 R의 분수체일 때 R을 포함하는 체 K는 F와 동형인 부분체를 포함한다.

증명 체 K의 부분집합 $E=\{ab^{-1} | a,b \in R,\ b \neq 0\}$는 K의 부분체임을 다음과 같이 보일 수 있다.

임의의 원소 $a_1b_1^{-1}, a_2b_2^{-1}, a_3b_3^{-1} \in E$에 대하여

$$a_1b_1^{-1}+a_2b_2^{-1}=a_1(b_1^{-1}b_2+a_1^{-1}a_2)b_2^{-1} \in E$$
$$a_1b_1^{-1}a_2b_2^{-1}=(a_1b_1^{-1}a_2)b_2^{-1} \in E$$

이므로 집합 E는 덧셈과 곱셈연산에 대하여 닫혀있다.

또한 다음과 같은 성질이 성립한다.

(1) 덧셈에 대한 교환법칙 :

$$a_1b_1^{-1}+a_2b_2^{-1}=a_2b_2^{-1}+a_1b_1^{-1}$$

(2) 덧셈에 대한 결합법칙 :

$$a_1b_1^{-1}+(a_2b_2^{-1}+a_3b_3^{-1})=(a_1b_1^{-1}+a_2b_2^{-1})+a_3b_3^{-1}$$

(3) 덧셈에 대한 항등원 : $0_R \in E$이고

$$a_1b_1^{-1}+0_R=a_1b_1^{-1}$$

이므로 덧셈에 대한 항등원 $0_R \in E$가 존재한다.

(4) 덧셈에 대한 역원 : $(-a_1)b_1^{-1} \in E$이고

$$a_1b_1^{-1}+(-a_1)b_1^{-1}=0_R$$

이므로 원소 $a_1b_1^{-1} \in E$의 덧셈에 대한 역원 $(-a_1)b_1^{-1} \in E$가 존재한다.

(5) 곱에 대한 교환법칙 : $a_1b_1^{-1}a_2b_2^{-1}=a_2b_2^{-1}a_1b_1^{-1}$

(6) 곱에 대한 결합법칙 : $a_1b_1^{-1}(a_2b_2^{-1}a_3b_3^{-1})=(a_1b_1^{-1}a_2b_2^{-1})a_3b_3^{-1}$

(7) 곱에 대한 항등원 : 환 R이 정역이므로 $1_R=1_R1_R^{-1} \in E$가 존재하고

$$a_1b_1^{-1}1_R=a_1b_1^{-1}=1_Ra_1b_1^{-1}$$

이므로 곱에 대한 항등원 $1_R=1_R1_R^{-1} \in E$가 존재한다.

(8) 곱에 대한 역원 : $a_1b_1^{-1} \neq 0_R \in E$이면 $b_1a_1^{-1} \neq 0_R \in E$이고

$$a_1b_1^{-1}b_1a_1^{-1}=1_R$$

이므로 원소 $a_1b_1^{-1} \neq 0_R \in E$의 곱에 대한 역원 $b_1a_1^{-1} \neq 0_R \in E$가 존재한다.

(9) 배분법칙 :

$$a_1b_1^{-1}(a_2b_2^{-1} + a_3b_3^{-1}) = a_1b_1^{-1}a_2b_2^{-1} + a_1b_1^{-1}a_3b_3^{-1}$$

$$(a_1b_1^{-1} + a_2b_2^{-1})a_3b_3^{-1} = a_1b_1^{-1}a_3b_3^{-1} + a_2b_2^{-1}a_3b_3^{-1}$$

따라서 체 K의 부분집합 E는 K의 부분체가 됨을 알 수 있다.

이제 사상 $\phi : F \to E$를

$$\phi\left(\frac{a}{b}\right) = ab^{-1}, \quad a, b \in R,\ b \neq 0$$

으로 정의하자. 그러면 ϕ는 준동형사상임을 다음과 같이 보일 수 있다.

$$\phi\left(\frac{a_1}{b_1} + \frac{a_2}{b_2}\right) = \phi\left(\frac{a_1b_2 + b_1a_2}{b_1b_2}\right) = (a_1b_2 + b_1a_2)(b_1b_2)^{-1}$$

$$= a_1b_1^{-1} + a_2b_2^{-1} = \phi\left(\frac{a_1}{b_1}\right) + \phi\left(\frac{a_2}{b_2}\right)$$

$$\phi\left(\frac{a_1}{b_1}\frac{a_2}{b_2}\right) = \phi\left(\frac{a_1a_2}{b_1b_2}\right) = (a_1a_2)(b_1b_2)^{-1}$$

$$= (a_1b_1^{-1})(a_2b_2^{-1}) = \phi\left(\frac{a_1}{b_1}\right)\phi\left(\frac{a_2}{b_2}\right)$$

한편,

$$\ker(\phi) = \left\{\frac{a}{b} \in F \mid ab^{-1} = 0_R\right\} = \left\{\frac{a}{b} \in F \mid a = 0_R\right\} = \left\{\frac{0_R}{1_R}\right\}$$

이므로 ϕ는 일대일사상이다.

또한 임의의 원소 $ab^{-1} \in E$에 대하여 $\frac{a}{b} \in F$이고 $\phi\left(\frac{a}{b}\right) = ab^{-1}$이므로 $\phi(F) = E$이다. 즉, ϕ는 일대일대응이다.

따라서 ϕ는 동형사상이므로 체 K는 F와 동형인 부분체 E를 포함한다. ▣

참고 정리의 결과에 의하여 정역 R의 분수체 F는 R을 포함하는 가장 작은 체의 구조를 갖고 있다고 할 수 있다.

연습문제

1. 다음에 주어진 함수가 환준동형사상인지 판정하고 이를 증명하시오.

(1) $f : \mathbb{Z} \to 11\mathbb{Z}, \quad f(n) = 11n, \quad n \in \mathbb{Z}$

(2) $f : \mathbb{Z} \to \mathbb{Z}_7, \quad f(n) = r, \quad n = 7q + r \quad (0 \leq r < 7)$

(3) $f : \mathbb{Z}[x] \to \mathbb{Z}, \quad f(g(x)) = g(1), \quad g(x) \in \mathbb{Z}[x]$

(4) $f : \mathbb{Z}[x] \to \mathbb{Z}[x], \quad f(g(x)) = g(x) - 5, \quad g(x) \in \mathbb{Z}[x]$

(5) $f : \mathbb{Z}_3[x] \to \mathbb{Z}_3[x], \quad f(g(x)) = g(x)^3, \quad g(x) \in \mathbb{Z}_3[x]$

(6) $f : \mathbb{Z}_5 \to \mathbb{Z}_{25}, \quad f(a) = 5a, \quad a \in \mathbb{Z}_5$

(7) $f : \mathbb{Z} \times \mathbb{Q} \to \mathbb{Z}, \quad f(a,b) = a, \quad (a,b) \in \mathbb{Z} \times \mathbb{Q}$

2. 다음에 주어진 함수가 환동형사상인지 판정하고 이를 증명하시오.

(1) $f : \mathbb{Z} \to \mathbb{Z}_{11}, \quad f(n) = r, \quad n = 11q + r \quad (0 \leq r < 11)$

(2) $f : \mathbb{Z}[x] \to \mathbb{Z}, \quad f(g(x)) = g(5), \quad g(x) \in \mathbb{Z}[x]$

(3) $f : \mathbb{Z}_3[x] \to \mathbb{Z}_3[x], \quad f(g(x)) = g(x)^3, \quad g(x) \in \mathbb{Z}_3[x]$

3. 다음에 주어진 환준동형사상 f에 대하여 $\ker f$를 구하시오.

(1) $f : \mathbb{Z} \to \mathbb{Z}_{12}, \quad f(n) = r, \quad n = 12q + r \quad (0 \leq r < 12)$

(2) $f : \mathbb{Z}[x] \to \mathbb{Z}, \quad f(g(x)) = g(7), \quad g(x) \in \mathbb{Z}[x]$

(3) $f : \mathbb{Z} \times \mathbb{Q} \to \mathbb{Z}, \quad f(a,b) = a, \quad (a,b) \in \mathbb{Z} \times \mathbb{Q}$

4. 다음에 주어진 환준동형사상이 일대일사상인지 판정하고 $\ker f$를 이용하여 이를 증명하시오.

(1) $f : \mathbb{Z} \to \mathbb{Z}_7, \quad f(n) = r, \quad n = 7q + r \quad (0 \leq r < 7)$

(2) $f : \mathbb{Z}[x] \to \mathbb{Z}, \quad f(g(x)) = g(1), \quad g(x) \in \mathbb{Z}[x]$

(3) $f : \mathbb{Z}_3[x] \to \mathbb{Z}_3[x], \quad f(g(x)) = g(x)^3, \quad g(x) \in \mathbb{Z}_3[x]$

(4) $f : \mathbb{Z} \times \mathbb{Q} \to \mathbb{Z} \times \mathbb{Q}$, $f(a,b) = (a,0)$, $(a,b) \in \mathbb{Z} \times \mathbb{Q}$

5. 다음에 주어진 동형관계를 증명하시오.

(1) $\mathbb{Z}/\{0\} \cong \mathbb{Z}$ (2) $\mathbb{Z}/12\mathbb{Z} \cong \mathbb{Z}_{12}$

(3) $\mathbb{Z}[x]/\langle x-7 \rangle \cong \mathbb{Z}$ (4) $(\mathbb{Z} \times \mathbb{Q})/(\{0\} \times \mathbb{Q}) \cong \mathbb{Z}$

6. 다음에 주어진 환이 $\mathbb{Z}$와 동형인 부분환을 포함하는지 판정하고 이를 증명하시오.

(1) $\mathbb{Q}$ (2) $\mathbb{Z}_{12}$ (3) $\mathbb{Q}[x]$ (4) $\mathbb{Z} \times \mathbb{Q}$

7. 다음에 주어진 환이 $\mathbb{Z}_{30}$와 동형인 부분환을 포함하는지 판정하고 이를 증명하시오.

(1) $\mathbb{Z}_{30}[x]$ (2) $\mathbb{Z}_{15} \times \mathbb{Z}_2$ (3) $\mathbb{Z}_5 \times \mathbb{Z}_2 \times \mathbb{Z}_3$

8. 다음에 주어진 동형관계를 증명하시오.

(1) $2\mathbb{Z}/6\mathbb{Z} \cong \mathbb{Z}/3\mathbb{Z}$

(2) $2\mathbb{Z}/6\mathbb{Z} \cong (2\mathbb{Z} + 3\mathbb{Z}[x])/3\mathbb{Z}[x]$

(3) $(\mathbb{Z}/35\mathbb{Z})/(7\mathbb{Z}/35\mathbb{Z}) \cong \mathbb{Z}/7\mathbb{Z}$

(4) $(\mathbb{Z}[x]/14\mathbb{Z}[x])/(2\mathbb{Z}[x]/14\mathbb{Z}[x]) \cong \mathbb{Z}[x]/2\mathbb{Z}[x]$

CHAPTER

6

다항식환
(Polynomial rings)

이 장에서는 가환환 R에 속하는 원소를 계수로 갖는 다항식으로 이루어진 환에 대하여 살펴본다.

정의

가환환 R에 대하여 집합 $R[x]$를

$$R[x]=\left\{\sum_{i=0}^{n}a_ix^i \mid a_i\in R,\ n\in\mathbb{N}\cup\{0\}\right\}$$

으로 정의한다.

예제 가환환 $\mathbb{Z}$에 대하여 $\mathbb{Z}[x]=\left\{\sum_{i=0}^{n}a_ix^i \mid a_i\in\mathbb{Z},\ n\in\mathbb{N}\cup\{0\}\right\}$

예제 가환환 $\mathbb{Z}_2$에 대하여 $\mathbb{Z}_2[x]=\left\{\sum_{i=0}^{n}a_ix^i \mid a_i\in\mathbb{Z}_2,\ n\in\mathbb{N}\cup\{0\}\right\}$

정의

가환환 R에 대하여 집합 $R[x]$에 속하는 두 원소 $\sum_{i=0}^{n}a_ix^i$와 $\sum_{i=0}^{m}b_ix^i$의 상등관계는 다음과 같이 정의한다.

$$\sum_{i=0}^{n}a_ix^i=\sum_{i=0}^{m}b_ix^i \quad\Leftrightarrow\quad a_i=b_i,\quad i=0,1,\cdots,\max\{n,m\}$$

(단, $t=\max\{n,m\}$일 때 $n<t$이면 $a_i=0_R,\quad n+1\le i\le t$이고 $m<t$이면 $b_i=0_R,\quad m+1\le i\le t$ 으로 정의한다.)

예제 $\mathbb{Z}[x]$에 속하는 두 원소 $f(x)=1+x,\quad g(x)=1+x+x^2$에 대하여 $f(x)=\sum_{i=0}^{2}a_ix^i,\quad g(x)=\sum_{i=0}^{2}b_ix^i$으로 놓으면

$$a_0=1,\ a_1=1,\ a_2=0,\qquad b_0=1,\ b_1=1,\ b_2=1$$

이므로 $a_2 \neq b_2$이다. 따라서 $f(x) \neq g(x)$이다.

참고 집합 $R[x]$에 속하는 임의의 두 원소 $f(x)=\sum_{i=0}^{n} a_i x^i$와 $g(x)=\sum_{i=0}^{m} b_i x^i$를 택하자. 만일 $t=\max\{n,m\}$으로 놓으면 $n<t$일 때 $n+1 \le i \le t$인 모든 i에 대하여 $a_i = 0_R$으로 정의하고 $m<t$일 때 $m+1 \le i \le t$인 모든 i에 대하여 $b_i = 0_R$으로 정의할 수 있으므로 $R[x]$에 속하는 두 개 이상의 임의의 원소를 택할 때 다음과 같이 일괄적으로 항의 수를 n으로 고정할 수 있다.

$$f(x)=\sum_{i=0}^{n} a_i x^i, \qquad g(x)=\sum_{i=0}^{n} b_i x^i$$

정리

가환환 R에 대하여 집합 $R[x]$에 속하는 임의의 원소 $\sum_{i=0}^{n} a_i x^i$와 $\sum_{i=0}^{n} b_i x^i$의 연산을 다음과 같이 정의하면 $R[x]$는 환의 구조를 갖는다.

$$\sum_{i=0}^{n} a_i x^i + \sum_{i=0}^{n} b_i x^i = \sum_{i=0}^{n} (a_i + b_i) x^i,$$

$$\left(\sum_{i=0}^{n} a_i x^i\right)\left(\sum_{i=0}^{n} b_i x^i\right) = \sum_{j=0}^{2n} c_j x^j, \qquad \left(c_j = \sum_{i=0}^{j} a_i b_{j-i}\right)$$

증명 $R[x]$에 속하는 임의의 원소 $\sum_{i=0}^{n} a_i x^i$, $\sum_{i=0}^{n} b_i x^i$, $\sum_{i=0}^{n} c_i x^i$에 대하여 다음 성질이 성립한다.

(1) 덧셈에 대한 결합법칙 :

$$\begin{aligned}
\sum_{i=0}^{n} a_i x^i + \left(\sum_{i=0}^{n} b_i x^i + \sum_{i=0}^{n} c_i x^i\right) &= \sum_{i=0}^{n} a_i x^i + \sum_{i=0}^{n} (b_i + c_i) x^i \\
&= \sum_{i=0}^{n} \{a_i + (b_i + c_i)\} x^i \\
&= \sum_{i=0}^{n} \{(a_i + b_i) + c_i\} x^i \\
&= \sum_{i=0}^{n} (a_i + b_i) x^i + \sum_{i=0}^{n} c_i x^i \\
&= \left(\sum_{i=0}^{n} a_i x^i + \sum_{i=0}^{n} b_i x^i\right) + \sum_{i=0}^{n} c_i x^i
\end{aligned}$$

(2) 덧셈에 대한 항등원 : $\sum_{i=0}^{n} 0_R x^i \in R[x]$이고

$$\sum_{i=0}^{n} a_i x^i + \sum_{i=0}^{n} 0_R x^i = \sum_{i=0}^{n} (a_i + 0_R) x^i = \sum_{i=0}^{n} a_i x^i = \sum_{i=0}^{n} 0_R x^i + \sum_{i=0}^{n} a_i x^i$$

이므로 덧셈에 대한 항등원 $\sum_{i=0}^{n} 0_R x^i \in R[x]$가 존재한다.

(3) 덧셈에 대한 역원 : $\sum_{i=0}^{n} (-a_i) x^i \in R[x]$이고

$$\sum_{i=0}^{n} a_i x^i + \sum_{i=0}^{n} (-a_i) x^i = \sum_{i=0}^{n} (a_i - a_i) x^i = \sum_{i=0}^{n} 0_R x^i = \sum_{i=0}^{n} (-a_i) x^i + \sum_{i=0}^{n} a_i x^i$$

이므로 $\sum_{i=0}^{n} a_i x^i \in R[x]$의 덧셈에 대한 역원 $\sum_{i=0}^{n} (-a_i) x^i \in R[x]$가 존재한다.

(4) 덧셈에 대한 교환법칙 :

$$\sum_{i=0}^{n} a_i x^i + \sum_{i=0}^{n} b_i x^i = \sum_{i=0}^{n} (a_i + b_i) x^i = \sum_{i=0}^{n} (b_i + a_i) x^i = \sum_{i=0}^{n} b_i x^i + \sum_{i=0}^{n} a_i x^i$$

(5) 곱셈에 대한 결합법칙 :

$\sum_{i=0}^{n} b_i x^i \sum_{i=0}^{n} c_i x^i = \sum_{i=1}^{2n} d_i x^i$라고 놓으면 $d_{t-j} = \sum_{i=0}^{t-j} b_i c_{t-j-i}$이다.

따라서 $\sum_{i=0}^{n} a_i x^i \left(\sum_{i=0}^{n} b_i x^i \sum_{i=0}^{n} c_i x^i \right)$의 x^t의 계수는 다음과 같다.

$$\sum_{j=0}^{t} a_j \left(\sum_{i=0}^{t-j} b_i c_{t-j-i} \right)$$

또한 $\sum_{i=0}^{n} a_i x^i \sum_{i=0}^{n} b_i x^i = \sum_{i=1}^{2n} u_i x^i$라고 놓으면 $u_j = \sum_{i=0}^{j} a_i b_{j-i}$이다.

따라서 $\left(\sum_{i=0}^{n} a_i x^i \sum_{i=0}^{n} b_i x^i \right) \sum_{i=0}^{n} c_i x^i$의 x^t의 계수는 다음과 같다.

$$\sum_{j=0}^{t} \left(\sum_{i=0}^{j} a_i b_{j-i} \right) c_{t-j}$$

그런데

$$\sum_{j=0}^{t} a_j \left(\sum_{i=0}^{t-j} b_i c_{t-j-i} \right) = \sum_{j=0}^{t} \left(\sum_{i=0}^{j} a_i b_{j-i} \right) c_{t-j}$$

이므로

$$\sum_{i=0}^{n}a_ix^i\left(\sum_{i=0}^{n}b_ix^i\sum_{i=0}^{n}c_ix^i\right)=\left(\sum_{i=0}^{n}a_ix^i\sum_{i=0}^{n}b_ix^i\right)\sum_{i=0}^{n}c_ix^i$$

(6) 배분법칙 :

$$\sum_{i=0}^{n}a_ix^i\left(\sum_{i=0}^{n}b_ix^i+\sum_{i=0}^{n}c_ix^i\right)=\sum_{i=0}^{n}a_ix^i\sum_{i=0}^{n}(b_i+c_i)x^i=\sum_{i=0}^{2n}d_ix^i$$

으로 놓으면

$$d_j=\sum_{i=0}^{j}a_i(b_{j-i}+c_{j-i})$$

이다. 또한

$$\sum_{i=0}^{n}a_ix^i\sum_{i=0}^{n}b_ix^i=\sum_{i=0}^{2n}u_ix^i,\qquad \sum_{i=0}^{n}a_ix^i\sum_{i=0}^{n}c_ix^i=\sum_{i=0}^{2n}v_ix^i$$

으로 놓으면

$$u_j=\sum_{i=0}^{j}a_ib_{j-i},\qquad v_j=\sum_{i=0}^{j}a_ic_{j-i}$$

이다. 그런데 모든 j에 대하여 $d_j=u_j+v_j$이므로

$$\sum_{i=0}^{n}a_ix^i\left(\sum_{i=0}^{n}b_ix^i+\sum_{i=0}^{n}c_ix^i\right)=\left(\sum_{i=0}^{n}a_ix^i\sum_{i=0}^{n}b_ix^i\right)+\left(\sum_{i=0}^{n}a_ix^i\sum_{i=0}^{n}c_ix^i\right)$$

이 성립한다.

또한 마찬가지 방법으로

$$\left(\sum_{i=0}^{n}b_ix^i+\sum_{i=0}^{n}c_ix^i\right)\sum_{i=0}^{n}a_ix^i=\left(\sum_{i=0}^{n}b_ix^i\sum_{i=0}^{n}a_ix^i\right)+\left(\sum_{i=0}^{n}c_ix^i\sum_{i=0}^{n}a_ix^i\right)$$

이 성립함을 보일 수 있다.

결과적으로 $R[x]$는 환의 구조를 갖는다. ▣

예제 가환환 $\mathbb{Z}$에 대하여 $\mathbb{Z}[x]$는 환이다.

예제 가환환 $\mathbb{Z}_2$에 대하여 $\mathbb{Z}_2[x]$는 환이다.

정의

가환환 R에 대하여 정의된 환 $R[x]$를 R 위에서 정의된 **다항식환(ring of polynomials)**이라고 한다.

정의

가환환 R 위에서 정의된 다항식환 $R[x]$에 속하는 원소 $f(x)=\sum_{i=0}^{n} a_i x^i$를 **다항식(polynomial)**이라고 하고 a_i를 x^i의 **계수(coefficient)**라고 한다.

또한 $a_n \neq 0$이면 다항식 $f(x)=\sum_{i=0}^{n} a_i x^i$의 **차수(degree)**를 n으로 정의하고 $\deg f(x)=n$으로 나타낸다.

만일 $a_n = 1_R$이면 $f(x)=\sum_{i=0}^{n} a_i x^i$를 **일계수다항식(monic polynomial)**이라고 한다.

예제 다항식환 $\mathbb{Z}[x]$에 속하는 두 다항식

$$f(x)=1+x+x^2, \qquad g(x)=x+x^2$$

는 모두 일계수다항식이고

$$\deg f(x)=2, \qquad \deg g(x)=2$$

이다. 또한

$$\begin{aligned} f(x)+g(x) &= (1+x+x^2)+(x+x^2) \\ &= 1+(1+1)x+(1+1)x^2 \\ &= 1+2x+2x^2 \end{aligned}$$

이므로 $f(x)+g(x)$는 일계수다항식이 아니다.

또한 $\deg(f(x)+g(x))=2$이므로 등식

$$\deg(f(x)+g(x)) = \deg f(x) + \deg g(x)$$

가 성립한다.

예제 다항식환 $\mathbb{Z}_2[x]$에 속하는 두 다항식

$$f(x) = 1 + x + x^2, \qquad g(x) = x + x^2$$

는 모두 일계수다항식이고

$$\deg f(x) = 2, \qquad \deg g(x) = 2$$

이다. 또한

$$\begin{aligned} f(x) + g(x) &= (1 + x + x^2) + (x + x^2) \\ &= 1 + (1+1)x + (1+1)x^2 \\ &= 1 \end{aligned}$$

이므로

$$\deg(f(x) + g(x)) = 0$$

이다. 따라서

$$\deg(f(x) + g(x)) \neq \deg f(x) + \deg g(x)$$

이다.

정리

환 R이 정역이면 다항식환 $R[x]$는 정역이다.

증명 환 R이 정역이므로 R은 단위원 1_R을 포함하는 가환환이다. 따라서 $R[x]$는 단위원 1_R을 포함하는 가환환이다.

또한 임의의 원소 $f(x), g(x) \in R[x] - \{0_R\}$를 택하고

$$\deg f(x) = n, \qquad \deg g(x) = m$$

이라고 가정하자.

그러면 적당한 원소 $a_i, b_j \in R$, $i = 1, 2, \cdots, n$, $j = 1, 2, \cdots, m$가 존재하여

$$f(x) = \sum_{i=0}^{n} a_i x^i, \qquad g(x) = \sum_{i=0}^{m} b_i x^i$$

으로 나타낼 수 있다.

그런데

$$a_n \neq 0_R, \qquad b_m \neq 0_R$$

이고 가정에 의하여 R이 정역이므로 $a_n b_m \neq 0_R$이다. 따라서

$$f(x)g(x) \neq 0_R$$

이므로 $R[x]$는 정역이다. ▣

예제 환 $\mathbb{Z}$는 정역이므로 다항식환 $\mathbb{Z}[x]$는 정역이다.

예제 환 $\mathbb{R}$은 정역이므로 다항식환 $\mathbb{R}[x]$는 정역이다.

예제 환 $\mathbb{Z}_7$은 정역이므로 다항식환 $\mathbb{Z}_7[x]$는 정역이다.

정리

가환환 R에 대하여 $char(R) = char(R[x])$이다.

증명 우선 $char(R) = 0$이라고 가정하면 임의의 양의 정수 k에 대하여 적당한 원소 $r \in R$이 존재하여 $kr \neq 0_R$이다. 그런데 $R \subset R[x]$이므로 임의의 양의 정수 k에 대하여 적당한 원소 $r \in R[x]$이 존재하여 $kr \neq 0_R$이다. 따라서 $char(R[x]) = 0$이다.

만일 $char(R) = n \neq 0$이라고 가정하면 임의의 원소 $r \in R$에 대하여 $nr = 0_R$이다. 한편 임의의 원소 $f(x) \in R[x]$를 택하면 적당한 원소 $a_i \in R$, $i = 1, 2, \cdots, m$이 존재하여

$$f(x) = \sum_{i=0}^{m} a_i x^i$$

로 나타낼 수 있다. 그런데

$$na_i = 0_R, \qquad i = 1, 2, \cdots, m$$

이므로

$$nf(x) = n\sum_{i=0}^{m} a_i x^i = \sum_{i=0}^{m} (na_i) x^i = \sum_{i=0}^{m} 0_R x^i = 0_R$$

이다.

또한 만일 $t < n$인 양의 정수 t가 존재하여 임의의 원소 $g(x) \in R[x]$에 대하여 $tg(x) = 0_R$이라면 $g(x)$가 상수다항식인 경우에도 성립해야 하므로 모든 원소 $r \in R$에 대하여 $tr = 0_R$이다. 따라서

$$char(R) \leq t < n$$

를 얻는다. 그런데 이는 $char(R) = n$이라는 가정에 모순이므로 $n \leq t$이다.

그러므로 n은 임의의 원소 $g(x) \in R[x]$에 대하여 $mg(x) = 0_R$을 만족시키는 가장 작은 자연수 m이다.

따라서 결과적으로 $char(R[x]) = n$이다. ▣

예제 가환환 $\mathbb{Z}$에 대하여 $char(\mathbb{Z}) = 0$이므로 $char(\mathbb{Z}[x]) = 0$이다.

예제 가환환 $\mathbb{R}$에 대하여 $char(\mathbb{R}) = 0$이므로 $char(\mathbb{R}[x]) = 0$이다.

예제 가환환 $\mathbb{Z}_7$에 대하여 $char(\mathbb{Z}_7) = 7$이므로 $char(\mathbb{Z}_7[x]) = 7$이다.

정리

가환환 R의 아이디얼 S에 대하여 $S[x]$는 다항식환 $R[x]$의 아이디얼이다.

증명 R이 가환환이므로 $R[x]$는 가환환이고 S는 환 R의 아이디얼이므로

$$S[x] \subset R[x]$$

이다.

한편 임의의 다항식 $f(x), g(x) \in S[x]$와 임의의 다항식 $h(x) \in R[x]$를 택하고

$$f(x) = \sum_{i=0}^{n} a_i x^i, \quad g(x) = \sum_{i=0}^{n} b_i x^i, \quad h(x) = \sum_{i=0}^{n} c_i x^i$$

이라고 놓으면

$$f(x) - g(x) = \sum_{i=0}^{n} a_i x^i - \sum_{i=0}^{n} b_i x^i = \sum_{i=0}^{n} (a_i - b_i) x^i,$$

$$f(x)h(x) = \left(\sum_{i=0}^{n} a_i x^i\right)\left(\sum_{i=0}^{n} c_i x^i\right) = \sum_{j=0}^{2n} d_j x^j, \qquad (d_j = \sum_{i=0}^{j} a_i c_{j-i})$$

이다. 그런데 S는 R의 아이디얼이므로 모든 i, j에 대하여

$$a_i - b_i, d_j \in S$$

이다. 따라서

$$f(x) - g(x), f(x)h(x) \in S[x]$$

이므로 $S[x]$는 다항식환 $R[x]$의 아이디얼이다. ▣

예제 $5\mathbb{Z}$는 가환환 $\mathbb{Z}$의 아이디얼이므로 $5\mathbb{Z}[x]$는 $\mathbb{Z}[x]$의 아이디얼이다.

예제 $S = \{0,4,8\}$은 가환환 $\mathbb{Z}_{12}$의 아이디얼이므로 $S[x]$는 $\mathbb{Z}_{12}[x]$의 아이디얼이다.

정리

체 F위에서 정의된 다항식환 $F[x]$에 속하는 임의의 다항식 $f(x)$와 $g(x)$에 대하여 $g(x) \neq 0$이면

$$f(x) = q(x)g(x) + r(x)$$

를 만족시키는 다항식 $q(x), r(x) \in F[x]$가 존재한다.

이때 $r(x) = 0$ 또는 $\deg r(x) < \deg g(x)$이다.

증명 집합 $A = \{f(x) - q(x)g(x) \mid q(x) \in F[x]\}$를 이용하여 다음과 같이 증명한다.
우선 $0 \in A$이라고 가정하면 명백히

$$f(x) = q(x)g(x)$$

을 만족시키는 다항식 $q(x) \in F[x]$와 $r(x) = 0 \in F[x]$가 존재한다.
이제 $0 \notin A$이라고 가정하자.
집합 A에 속하고 차수가 가장 작은 다항식이 존재하므로 이를 $r(x)$라고 놓으면 적당한 다항식 $q(x) \in F[x]$가 존재하여 $f(x) = q(x)g(x) + r(x)$이다.

이때 $g(x)$와 $r(x)$를 각각

$$g(x)=\sum_{i=0}^{n} b_i x^i, \qquad r(x)=\sum_{i=0}^{m} c_i x^i$$

이라고 놓자.
만일 $\deg r(x) \ge \deg g(x)$이라 가정하면

$$f(x)-q(x)g(x)-c_m b_n^{-1}x^{m-n}g(x)=f(x)-(q(x)+c_m b_n^{-1}x^{m-n})g(x)$$

으로 나타낼 수 있다. 그런데

$$f(x)-(q(x)+c_m b_n^{-1}x^{m-n})g(x)\in A$$

이므로

$$f(x)-q(x)g(x)-c_m b_n^{-1}x^{m-n}g(x)\in A$$

이다. 한편

$$\deg(f(x)-q(x)g(x)-c_m b_n^{-1}x^{m-n}g(x))=\deg(r(x)-c_m b_n^{-1}x^{m-n}g(x))$$

이고

$$\deg(r(x)-c_m b_n^{-1}x^{m-n}g(x)) < \deg r(x)$$

이므로

$$\deg(f(x)-q(x)g(x)-c_m b_n^{-1}x^{m-n}g(x)) < \deg r(x)$$

이다. 그런데 $r(x)$는 집합 A에 속하고 차수가 가장 작은 다항식이므로 모순을 얻는다. 따라서 $\deg r(x) < \deg g(x)$이다.
결과적으로 $f(x)=q(x)g(x)+r(x)$를 만족시키는 다항식 $q(x), r(x)\in F[x]$가 존재하고 이때 $r(x)=0$ 또는 $\deg r(x) < \deg g(x)$이다. ▣

예제 다항식환 $\mathbb{R}[x]$에 속하는 두 다항식

$$f(x)=1+x+x^2, \qquad g(x)=1+x$$

에 대하여

$$q(x)=x, \qquad r(x)=1$$

으로 놓으면 $q(x), r(x) \in \mathbb{R}[x]$이고

$$f(x) = q(x)g(x) + r(x)$$

를 만족시킨다.

정리

체 F위에서 정의된 다항식환 $F[x]$에 속하는 임의의 다항식 $f(x)$와 $g(x)$에 대하여 $g(x) \neq 0$일 때 다항식 $q_i(x), r_i(x) \in F[x]$, $i = 1,2$가 존재하여

$$f(x) = q_1(x)g(x) + r_1(x) = q_2(x)g(x) + r_2(x)$$
$$(\text{단, } r_i(x) = 0 \text{ 또는 } \deg r_i(x) < \deg g(x), \quad i = 1,2)$$

를 만족시키면

$$q_1(x) = q_2(x), \qquad r_1(x) = r_2(x)$$

증명 가정에 의하여

$$f(x) = q_1(x)g(x) + r_1(x) = q_2(x)g(x) + r_2(x)$$

이므로

$$(q_1(x) - q_2(x))g(x) = r_2(x) - r_1(x)$$

이다. 그런데 모든 $i = 1,2$에 대하여 조건

$$r_i(x) = 0 \quad \text{또는} \quad \deg r_i(x) < \deg g(x)$$

를 만족시키므로 $(q_1(x) - q_2(x))g(x)$의 차수는 $r_2(x) - r_1(x)$의 차수보다 크다. 따라서

$$(q_1(x) - q_2(x))g(x) = r_2(x) - r_1(x) = 0$$

이다. 그런데 $g(x) \neq 0$이므로

$$q_1(x) = q_2(x), \qquad r_1(x) = r_2(x)$$

가 성립한다. ▣

정의

체 F위에서 정의된 다항식환 $F[x]$에 속하는 임의의 다항식 $f(x)$와 $g(x)$에 대하여 $g(x) \neq 0$일 때 $f(x) = q(x)g(x)$를 만족시키는 다항식 $q(x) \in F[x]$가 존재하면 $g(x)$는 $f(x)$로 나누어떨어진다라고 한다. 또한 다항식 $g(x)$를 $f(x)$의 **인수(factor)**라고 한다.

예제 다항식 $f(x) = 2x^3 + 2x^2 - x - 1 \in \mathbb{R}[x]$는

$$f(x) = (x+1)(2x^2-1)$$

를 만족시키므로 다항식 $f(x)$는 $x+1$으로 나누어떨어진다. 따라서 다항식 $x+1$은 $f(x)$의 인수이다.

또한 $f(x)$는 다항식 $2x^2-1$으로 나누어떨어지므로 $2x^2-1$은 $f(x)$의 인수이다.

예제 다항식 $f(x) = 2x^3 + 2x^2 - x - 1 \in \mathbb{Z}_7[x]$는

$$f(x) = (x+1)(2x^2-1) = (x+1)(2x^2+6)$$

를 만족시키므로 $x+1$은 $f(x)$의 인수이다.

또한 $f(x)$는 다항식 $2x^2+6$으로 나누어떨어지므로 $2x^2+6$는 $f(x)$의 인수이다.

정의

체 F 위에서 정의된 다항식환 $F[x]$에 속하는 다항식 $f(x)$에 대하여 적당한 원소 $a \in F$가 존재하여 $f(a) = 0$이면 원소 a를 $f(x)$의 **근(root)**이라고 한다.

만일 적당한 자연수 m에 대하여

$$f(x) = (x-a)^m g(x), \qquad g(a) \neq 0$$

를 만족시키면 a의 **중복도(multiplicity)**는 m이라고 한다.

예제 다항식 $f(x) = (x+1)^5(2x^2-1) \in \mathbb{R}[x]$에 대하여 $g(x) = 2x^2-1$이라고

놓으면 $f(-1)=0$이고 $g(-1)\neq 0$이므로 $f(x)$의 근 $a=-1$의 중복도는 5이다.

예제 다항식 $f(x)=(x+1)(2x^2-1)^2\in\mathbb{Z}_7[x]$에 대하여 $g(x)=x+1$이라고 놓으면 $f(2)=0$이고 $g(2)\neq 0$이므로 $f(x)$의 근 $a=2$의 중복도는 2이다.

정리

체 F에 대하여 원소 $a\in F$가 다항식 $f(x)\in F[x]$의 근이 되기 위한 필요충분조건은 다항식 $x-a$가 $f(x)$의 인수이다.

증명 우선 원소 $a\in F$가 $f(x)\in F[x]$의 근이라고 가정하자.

$F[x]$에 속하는 다항식 $f(x)$와 $x-a$에 대하여

$$f(x)=q(x)(x-a)+r(x)$$

인 다항식 $q(x),\, r(x)\in F[x]$가 존재한다.

이때 $r(x)=0$ 또는 $\deg r(x)<\deg\,(x-a)$이다.

만일 $r(x)=0$이라면

$$f(x)=q(x)(x-a)$$

이므로 다항식 $x-a$는 $f(x)$의 인수이다.

만일 $\deg r(x)<\deg\,(x-a)$이라면 $\deg r(x)=0$이므로 적당한 원소 $c\in F$가 존재하여

$$r(x)=c$$

이다. 그런데 가정에 의하여 $f(a)=0$이고

$$f(a)=q(a)(a-a)+r(a)=r(a)$$

이므로 $r(a)=0$이다. 즉,

$$c=r(a)=0$$

이므로 $r(x)=0$이고

$$f(x)=q(x)(x-a)$$

이다. 따라서 다항식 $x-a$는 $f(x)$의 인수이다.

역으로 다항식 $x-a$가 $f(x)$의 인수라고 가정하면

$$f(x)=q(x)(x-a)$$

를 만족시키는 다항식 $q(x)\in F[x]$가 존재한다. 따라서

$$f(a)=q(a)(a-a)=0$$

이므로 원소 $a\in F$는 다항식 $f(x)\in F[x]$의 근이다. ▣

예제 다항식 $f(x)=2x^3+2x^2-x-1\in\mathbb{R}[x]$에 대하여 $f(-1)=0$이므로

$$f(x)=q(x)(x+1)$$

를 만족시키는 다항식 $q(x)\in\mathbb{R}[x]$가 존재한다.

예제 다항식 $f(x)=2x^3+2x^2-x-1\in\mathbb{Z}_7[x]$에 대하여 $f(-1)=0$이므로

$$f(x)=q(x)(x+1)$$

를 만족시키는 다항식 $q(x)\in\mathbb{Z}_7[x]$가 존재한다.

정리

체 F에 대하여 A가 $F[x]$의 아이디얼이면 적당한 다항식 $f(x)\in F[x]$가 존재하여 $A=\langle f(x)\rangle$이다.

증명 만일 $A=\{0_F\}$이면 $f(x)=0_F\in F[x]$가 존재하여 $A=\langle 0_F\rangle$이다.
이제 $A\neq\{0_F\}$이라고 가정하자. 그러면 A에 속하는 최소 차수의 다항식이 존재하므로 이를 $f(x)$라고 놓고 $A=\langle f(x)\rangle$임을 보이자.
$f(x)\in A$이고 A가 $F[x]$의 아이디얼이므로 임의의 다항식 $g(x)\in F[x]$에 대하여 $g(x)f(x)\in A$이다. 따라서 $\langle f(x)\rangle\subset A$이다.
이제 임의의 다항식 $h(x)\in A$를 택하면

$$h(x)=q(x)f(x)+r(x)$$

를 만족시키는 다항식 $q(x), r(x)\in F[x]$가 존재한다.
이때 $r(x)=0$ 또는 $\deg r(x)<\deg f(x)$이다. 따라서

$$r(x) = q(x)f(x) - h(x)$$

이고 $q(x)f(x),\ h(x) \in A$이므로 $r(x) \in A$이다. 그런데 $f(x)$는 A에 속하는 다항식 중에서 최소 차수의 다항식이므로 $r(x) = 0$이다. 즉,

$$h(x) = q(x)f(x)$$

이므로 $h(x) \in \langle f(x) \rangle$이다. 따라서 $A \subset \langle f(x) \rangle$이다.
그러므로 결과적으로 $A = \langle f(x) \rangle$이다. ▣

예제 집합 $A = \{2xf(x) + (x^3 - 2x + 1)g(x) \mid f(x), g(x) \in \mathbb{R}[x]\}$는 $\mathbb{R}[x]$의 아이디얼이다. 그런데 두 다항식

$$f(x) = -\frac{1}{2}x^2 + 1, \qquad g(x) = 1$$

을 택하면

$$2x\left(-\frac{1}{2}x^2 + 1\right) + (x^3 - 2x + 1) = 1$$

이고

$$\deg\left(2x\left(-\frac{1}{2}x^2 + 1\right) + (x^3 - 2x + 1)\right) = 0$$

이므로 집합 A에 속한 최소 차수의 다항식은 0차 다항식이다.
따라서 집합 A에 속한 임의의 0차 다항식은 A의 생성원이 된다.
즉, 임의의 실수 a는 A의 생성원이 되므로 $a = 1$을 택하면

$$A = \langle 1 \rangle = \mathbb{R}[x]$$

을 얻을 수 있다.

예제 환 $\mathbb{R}[x]$와 환 $\mathbb{C}$에 대하여 함수 $\phi : \mathbb{R}[x] \to \mathbb{C}$

$$\phi(f(x)) = f(i), \qquad f(x) \in \mathbb{R}[x]$$

는 환 준동형사상이다.
그런데 $\mathbb{R}$은 체이고 $\ker\phi$는 $\mathbb{R}[x]$의 아이디얼이므로 $\ker\phi = \langle g(x) \rangle$를 만족시키는 적당한 다항식 $g(x) \in \mathbb{R}[x]$가 존재한다.

한편 임의의 일차다항식 $ax+b\in\mathbb{R}[x]$는 원소 i를 근으로 가질 수 없다. 또한 x^2+1은 i를 근으로 갖는 다항식이므로 $x^2+1\in\ker\phi$이다. 즉, $\ker\phi$에 속한 최소 차수의 다항식은 이차다항식이므로 x^2+1은 $\ker\phi$의 생성원이다. 즉,

$$\ker\phi=\langle x^2+1\rangle$$

이다. 또한 다항식 $5x^2+5$는 i를 근으로 갖는 이차다항식이므로

$$\ker\phi=\langle 5x^2+5\rangle$$

가 성립한다.

정의

환 R이 정역이고 R의 아이디얼이 모두 주아이디얼이면 R을 **주아이디얼정역 (principal ideal domain)**이라고 한다.

참고 집합 A가 주아이디얼정역 R의 아이디얼이면 적당한 원소 $a\in A$가 존재하여 $A=\langle a\rangle$이다.

예제 집합 A가 정역 $\mathbb{Z}$의 아이디얼이라고 가정하면 적당한 정수 n이 존재하여 $A=\langle n\rangle$이다. 따라서 $\mathbb{Z}$는 주아이디얼정역이다.

예제 집합 A가 정역 $\mathbb{R}$의 아이디얼이라고 가정하면 $\mathbb{R}$이 체이므로

$$A=\langle 0\rangle \quad \text{또는} \quad A=\langle 1\rangle=\mathbb{R}$$

이다. 따라서 $\mathbb{R}$은 주아이디얼정역이다.

예제 집합 A가 정역 $\mathbb{R}[x]$의 아이디얼이라고 가정하면 $\mathbb{R}$이 체이므로 $A=\langle 0\rangle$ 또는 A에 속한 최소 차수 다항식 $f(x)$가 존재하여 $A=\langle f(x)\rangle$이다. 따라서 $\mathbb{R}[x]$는 주아이디얼정역이다.

예제 집합 A가 정역 $\mathbb{Z}_7[x]$의 아이디얼이라고 가정하면 $\mathbb{Z}_7$이 체이므로

$A = \langle 0 \rangle$ 또는 A에 속한 최소 차수 다항식 $f(x)$가 존재하여 $A = \langle f(x) \rangle$이다.
따라서 $\mathbb{Z}_7[x]$는 주아이디얼정역이다.

정리

체 F와 다항식 $f(x), g(x) \in F[x] - \{0\}$에 대하여 $f(x)$와 $g(x)$를 동시에 나누는 1차 이상의 다항식이 존재하지 않으면 식

$$f(x)h(x) + g(x)k(x) = 1_F$$

를 만족시키는 적당한 다항식 $h(x), k(x) \in F[x]$가 존재한다.

증명 집합 $A = \{f(x)h(x) + g(x)k(x) \mid h(x), k(x) \in F[x]\}$는 $F[x]$의 아이디얼이므로 $A = \langle q(x) \rangle$인 다항식 $q(x) \in F[x]$가 존재한다. 그런데 $f(x), g(x) \in A$이므로

$$f(x) \in \langle q(x) \rangle, \qquad g(x) \in \langle q(x) \rangle$$

이다. 그러므로 $q(x)$는 $f(x)$를 나누고 동시에 $g(x)$를 나눈다.
한편 $A \neq \{0_F\}$이므로 $q(x) \neq 0_F$이고 가정에 의하여 $f(x)$와 $g(x)$를 동시에 나누는 1차 이상의 다항식이 존재하지 않으므로 $q(x) \in F - \{0\}$이다. 따라서

$$A = \langle q(x) \rangle = F[x]$$

이고 $1_F \in F[x]$이므로 등식

$$f(x)h(x) + g(x)k(x) = 1_F$$

을 만족시키는 적당한 다항식 $h(x), k(x) \in F[x]$가 존재한다. ▣

예제 다항식환 $\mathbb{R}[x]$에 속하는 다항식 $f(x) = 2x + 1$, $g(x) = x^2$에 대하여 $f(x)$와 $g(x)$를 동시에 나누는 1차 이상의 다항식이 존재하지 않으므로

$$f(x)h(x) + g(x)k(x) = 1$$

을 만족시키는 다항식 $h(x), k(x) \in \mathbb{R}[x]$가 존재한다. 구체적으로

$$h(x) = -2x + 1, \qquad k(x) = 4$$

으로 놓으면

$$f(x)h(x)+g(x)k(x)=1$$

을 만족시킨다.

정의

정역 R에 대하여 다항식 $f(x) \in R[x]$가 다음 조건을 모두 만족시키면 $f(x)$는 R 위에서 **기약다항식(irreducible polynomial** over R)이라고 한다.

(1) $\deg f(x) \geq 1$

(2) $f(x)=g(x)h(x)$이고 $g(x), h(x) \in R[x]$이면 $g(x)$ 또는 $h(x)$는 단원이다.

다항식 $f(x) \in R[x]$가 R 위에서 기약다항식이 아니면 $f(x)$는 R 위에서 **가약다항식(reducible polynomial** over R)이라고 한다.

예제 정역 $\mathbb{Z}$에 대하여 다항식환 $\mathbb{Z}[x]$에 속하는 다항식 $f(x)=x^3$의 차수는 $\deg f(x)=3 \geq 1$이다. 그런데

$$f(x)=x^2x$$

로 나타낼 수 있고 $g(x)=x^2 \in \mathbb{Z}[x]$와 $h(x)=x \in \mathbb{Z}[x]$는 모두 단원이 아니므로 $f(x)$는 $\mathbb{Z}$ 위에서 가약다항식이다.

예제 정역 $\mathbb{Z}$에 대하여 다항식환 $\mathbb{Z}[x]$에 속하는 다항식 $f(x)=5x^2+25$의 차수는 $\deg f(x)=2 \geq 1$이다. 그런데

$$f(x)=5(x^2+5)$$

로 나타낼 수 있고 $g(x)=5 \in \mathbb{Z}[x]$와 $h(x)=x^2+5 \in \mathbb{Z}[x]$는 모두 단원이 아니므로 $f(x)$는 $\mathbb{Z}$ 위에서 가약다항식이다.

예제 정역 $\mathbb{Q}$에 대하여 다항식환 $\mathbb{Q}[x]$에 속하는 다항식 $f(x)=5x^2+25$의 차수는 $\deg f(x)=2 \geq 1$이다. 또한

$$f(x)=5(x^2+5)$$

이고 $g(x)=5\in\mathbb{Q}[x]$는 단원이므로 $f(x)$가 $\mathbb{Q}$ 위에서 기약다항식이라는 결론을 내릴 수는 없다.

한편, $f(x)=5x^2+25\in\mathbb{Q}[x]$는 $\mathbb{Q}$ 위에서 기약다항식임을 다음과 같이 증명할 수 있다. 만일 $f(x)$가 $\mathbb{Q}$ 위에서 가약다항식이라면 적당한 단원이 아닌 다항식 $g(x)$, $h(x)\in\mathbb{Q}[x]$가 존재하여

$$f(x)=g(x)h(x)$$

이다. 그런데 $\deg f(x)=2$이므로

$$\deg g(x)=1, \qquad \deg h(x)=1$$

이다. 만일 적당한 원소 $a,b\in\mathbb{Q}$에 대하여 $g(x)=ax+b$라고 놓으면 $g(-a^{-1}b)=0$이다. 즉, 원소 $-a^{-1}b\in\mathbb{Q}$가 존재하여 $f(-a^{-1}b)=0$이다.

그런데 $f(x)=0$를 만족시키는 근은 $\pm\sqrt{5}\,i$이고 $\pm\sqrt{5}\,i\notin\mathbb{Q}$이므로 모순을 얻는다. 따라서 $f(x)$는 $\mathbb{Q}$ 위에서 기약다항식이다.

예제 정역 $\mathbb{C}$에 대하여 다항식환 $\mathbb{C}[x]$에 속하는 다항식 $f(x)=5x^2+25$의 차수는 $\deg f(x)=2\geq 1$이다. 그런데

$$f(x)=(5x+5\sqrt{5}\,i)(x-\sqrt{5}\,i)$$

로 나타낼 수 있고 $g(x)=5x+5\sqrt{5}\,i\in\mathbb{C}[x]$와 $h(x)=x-\sqrt{5}\,i\in\mathbb{C}[x]$는 모두 단원이 아니므로 $f(x)$는 $\mathbb{C}$ 위에서 가약다항식이다.

예제 정역 $\mathbb{Z}_{25}$에 대하여 다항식환 $\mathbb{Z}_{25}[x]$에 속하는 다항식 $f(x)=5x^2+5$의 차수는 $\deg f(x)=2\geq 1$이다. 그런데

$$f(x)=(5x+10)(x+3)$$

로 나타낼 수 있고 $g(x)=5x+10\in\mathbb{Z}_{25}[x]$와 $h(x)=x+3\in\mathbb{Z}_{25}[x]$는 모두 단원이 아니므로 $f(x)$는 $\mathbb{Z}_{25}$ 위에서 가약다항식이다.

정리

정역 R에 대하여 $\deg f(x) \geq 1$인 다항식 $f(x) \in R[x]$가 R 위에서 가약다항식이면 $f(x+1)$는 R 위에서 가약다항식이다.

참고 정리의 대우명제를 이용해서 $f(x)$가 기약다항식임을 증명하기도 한다.

증명 다항식 $f(x)$가 R 위에서 가약다항식이면

$$f(x) = g(x)h(x)$$

를 만족시키는 다항식 $g(x)$와 $h(x)$가 $R[x]$ 내에 존재한다. 그러면

$$f(x+1) = g(x+1)h(x+1)$$

이고 $g(x+1), h(x+1) \in R[x]$이므로 다항식 $f(x+1)$는 R 위에서 가약다항식이다. ▣

정의

다항식 $f(x) = \sum_{i=0}^{n} a_i x^i \in \mathbb{Z}[x]$에 대하여 $\deg f(x) \geq 1$일 때

$$c(f(x)) = \gcd(a_0, a_1, \cdots, a_n)$$

를 $f(x)$의 **내용(content)**이라고 한다.

만일 $c(f(x)) = 1$이면 $f(x)$를 **원시다항식(primitive polynomial)**이라고 한다.

예제 $\mathbb{Z}[x]$에 속하는 다항식 $f(x) = 5x^3 - 2x^2 + 10x - 16$에 대하여

$$c(f(x)) = 1$$

이다. 따라서 $f(x)$는 원시다항식이다.

예제 $\mathbb{Z}[x]$에 속하는 다항식 $f(x) = 8x^3 - 2x^2 + 10x - 16$에 대하여

$$c(f(x)) = 2 \neq 1$$

이다. 따라서 $f(x)$는 원시다항식이 아니다.

정리

다항식 $f(x) \in \mathbb{Z}[x]$가 $\mathbb{Z}$ 위에서 기약다항식이면 $f(x)$는 원시다항식이다.

증명 다항식 $f(x)$가 원시다항식이 아니라고 가정하면

$$c(f(x)) \geq 2$$

이다. 한편

$$f(x) = c(f(x))g(x)$$

를 만족시키는 다항식 $g(x) \in \mathbb{Z}[x]$가 존재한다.

그런데 $c(f(x))$와 $g(x)$는 단원이 아니므로 $f(x)$는 가약다항식이다. 이는 가정에 모순이므로 $f(x)$는 원시다항식이다. ▣

예제 다항식 $f(x) = x^2 - 2x + 3 \in \mathbb{Z}[x]$는 $\mathbb{Z}$ 위에서 기약다항식이므로 $f(x)$는 원시다항식이다.

정리

다항식 $f(x), g(x) \in \mathbb{Z}[x]$가 원시다항식이면 $f(x)g(x)$는 원시다항식이다.

증명 다항식 $h(x) = f(x)g(x)$가 원시다항식이 아니라고 가정하자. 그러면 적당한 자연수 m이 존재하여 $c(h(x)) = m$이고 m의 적당한 소인수 p가 존재한다.

한편,

$$f(x) \equiv f_1(x) \pmod p, \qquad g(x) \equiv g_1(x) \pmod p,$$
$$h(x) \equiv h_1(x) \pmod p$$

를 만족시키는 다항식 $f_1(x), g_1(x), h_1(x) \in \mathbb{Z}_p[x]$가 존재하고

$$f_1(x)g_1(x) = h_1(x)$$

이다. 그런데 p가 $c(h(x)) = m$의 약수이므로 $\mathbb{Z}_p[x]$ 내에서 $h_1(x) = 0$이다.

또한 다항식환 $\mathbb{Z}_p[x]$는 정역이고

$$f_1(x)g_1(x) = h_1(x) = 0$$

이므로 $f_1(x) = 0$ 또는 $g_1(x) = 0$이다.

만일 $f_1(x) = 0$이라면 소수 p가 $c(f(x))$의 약수이므로 다항식 $f(x)$는 원시다항식이 아니다.

만일 $g_1(x) = 0$이라면 소수 p가 $c(g(x))$의 약수이므로 다항식 $g(x)$는 원시다항식이 아니다.

결과적으로 두 가지 경우 모두 가정에 모순이다.

따라서 $f(x)$와 $g(x)$가 원시다항식이라면 $f(x)g(x)$는 원시다항식이다. ▣

예제 $\mathbb{Z}[x]$에 속하는 다항식 $f(x) = 5x^3 - 2x^2 - 16$와 $g(x) = x - 1$에 대하여

$$c(f(x)) = 1, \qquad c(g(x)) = 1$$

이므로 $f(x)$와 $g(x)$는 모두 원시다항식이다.

또한, $f(x)g(x) = 5x^4 - 7x^3 + 2x^2 - 16x + 16$이고

$$c(f(x)g(x)) = 1$$

이므로 $f(x)g(x)$는 원시다항식이다.

정리

다항식 $f(x) \in \mathbb{Z}[x]$가 $\mathbb{Q}$ 위에서 가약다항식이면 $f(x)$는 $\mathbb{Z}$ 위에서 가약다항식이다.

증명 다항식 $f(x)$가 $\mathbb{Q}$ 위에서 가약다항식이므로 적당한 다항식 $g(x), h(x) \in \mathbb{Q}[x]$이 존재하여

$$f(x) = g(x)h(x)$$

으로 나타낼 수 있다.

이때 $c(f(x)) \neq 1$이면 양변에 $c(f(x))^{-1}$을 곱하여

$$c(f(x))^{-1} f(x) = c(f(x))^{-1} g(x)h(x)$$

을 얻는다. 다항식 $c(f(x))^{-1}f(x)$는 원시다항식이므로 주어진 다항식 $f(x)$를 원시다항식이라고 가정할 수 있다.

이제 다항식 $g(x)$와 $h(x)$를 각각

$$g(x)=\sum_{i=0}^{s}\frac{n_i}{m_i}x^i, \qquad h(x)=\sum_{j=0}^{t}\frac{p_j}{q_j}x^j \qquad (n_i, m_i, p_j, q_j \in \mathbb{Z})$$

라고 놓고

$$\alpha=\mathrm{lcm}(m_0, m_1, \cdots, m_s), \qquad \beta=\mathrm{lcm}(q_0, q_1, \cdots, q_t)$$

라고 하자. 그러면 $\alpha g(x), \beta h(x) \in \mathbb{Z}[x]$이고

$$\alpha\beta f(x)=\alpha g(x)\beta h(x)$$

이다.

한편 적당한 원시다항식 $g_1(x), h_1(x) \in \mathbb{Z}[x]$에 대하여

$$\alpha g(x)=c(\alpha g(x))g_1(x), \qquad \beta h(x)=c(\beta h(x))h_1(x)$$

으로 나타낼 수 있다. 그러므로

$$\alpha\beta f(x)=c(\alpha g(x))c(\beta h(x))g_1(x)h_1(x)$$

이다. 그런데 $f(x)$와 $g_1(x)h_1(x)$는 원시다항식이므로

$$\alpha\beta=c(\alpha g(x))c(\beta h(x))$$

이고

$$f(x)=g_1(x)h_1(x)$$

이다. 따라서 $f(x)$는 $\mathbb{Z}$ 위에서 가약다항식이다. ▣

예제 다항식 $f(x)=6x^2-5x+1 \in \mathbb{Z}[x]$에 대하여

$$f(x)=6\left(x-\frac{1}{2}\right)\left(x-\frac{1}{3}\right)$$

이므로 $f(x)$는 $\mathbb{Q}$ 위에서 가약다항식이다.

또한

$$f(x)=(2x-1)(3x-1)$$

이므로 $f(x)$는 $\mathbb{Z}$ 위에서 가약다항식이다.

정리

다항식 $f(x)=\sum_{i=0}^{n} a_i x^i \in \mathbb{Z}[x]$에 대하여 적당한 소수 p가 존재하여 다음 조건을 모두 만족시키면 $f(x)$는 $\mathbb{Q}$ 위에서 기약다항식이다.

$$p \mid a_i \quad (i=0,1,\cdots,n-1), \qquad p \nmid a_n, \qquad p^2 \nmid a_0$$

증명 다항식 $f(x)$가 $\mathbb{Q}$ 위에서 가약다항식이라고 가정하면 $f(x)$는 $\mathbb{Z}$ 위에서 가약다항식이다. 따라서

$$f(x)=g(x)h(x)$$

를 만족시키는 다항식 $g(x), h(x) \in \mathbb{Z}[x]$가 존재한다. 만일

$$g(x)=\sum_{i=0}^{s} b_i x^i, \qquad h(x)=\sum_{i=0}^{t} c_i x^i$$

으로 놓으면 가정에 의하여 $p \nmid a_n$이고 $a_n = b_s c_t$이므로 $p \nmid b_s$이고 $p \nmid c_t$이다. 또한 $p \mid a_0$, $p^2 \nmid a_0$이고 $a_0 = b_0 c_0$이므로 $p \mid b_0 c_0$이고 $p^2 \nmid b_0 c_0$이다.
따라서 다음과 같은 2가지 경우를 생각할 수 있다.

$$p \mid b_0 \text{이고 } p \nmid c_0 \qquad \text{또는} \qquad p \nmid b_0 \text{이고 } p \mid c_0$$

각각의 경우를 살펴보면 다음과 같다.

(1) $p \mid b_0$이고 $p \nmid c_0$인 경우 : $p \mid b_0$이고 $p \nmid b_s$이므로 $p \nmid b_i$인 최소의 i가 존재하는데 이를 k라고 놓자.
한편 $j>t$인 모든 j에 대하여 $c_j=0$라고 놓으면

$$a_k = b_0 c_k + b_1 c_{k-1} + \cdots + b_{k-1} c_1 + b_k c_0$$

이다. 그런데

$$p \mid a_k \text{이고 } p \mid b_i \quad (0 \le i \le k-1)$$

이므로 $p \mid b_k c_0$이다. 따라서

$$p \mid b_k \qquad \text{또는} \qquad p \mid c_0$$

이다. 그런데 $p \nmid b_k$이고 $p \nmid c_0$이므로 모순을 얻는다.

(2) $p \nmid b_0$이고 $p \mid c_0$인 경우 : $p \mid c_0$이고 $p \nmid c_t$이므로 $p \nmid c_i$인 최소의 i가 존재하는데 이를 ℓ이라고 놓자.

한편 $j > s$인 모든 j에 대하여 $b_j = 0$라고 놓으면

$$a_\ell = b_0 c_\ell + b_1 c_{\ell-1} + \cdots + b_{\ell-1} c_1 + b_\ell c_0$$

이다. 그런데

$$p \mid a_\ell \text{이고 } p \mid c_i \qquad (0 \le i \le \ell - 1)$$

이므로 $p \mid b_0 c_\ell$이다. 따라서

$$p \mid b_0 \quad \text{또는} \quad p \mid c_\ell$$

이다. 그런데 $p \nmid b_0$이고 $p \nmid c_\ell$이므로 모순을 얻는다.

결론적으로 (1)과 (2)의 경우 모두 모순을 얻으므로 다항식 $f(x)$는 $\mathbb{Q}$ 위에서 기약다항식이다. ▣

예제 $\mathbb{Z}[x]$에 속하는 다항식 $f(x) = x^2 + 3$는 소수 $p = 3$에 대하여

$$p \mid 3, \ p \mid 0, \ p \nmid 1, \ p^2 \nmid 3$$

을 만족시킨다. 따라서 $f(x)$는 $\mathbb{Q}$ 위에서 기약다항식이다.

예제 $\mathbb{Z}[x]$에 속하는 다항식 $f(x) = 5x^3 + 8x^2 + 2$는 소수 $p = 2$에 대하여

$$p \mid 2, \ p \mid 0, \ p \mid 8, \ p \nmid 5, \ p^2 \nmid 2$$

을 만족시킨다. 따라서 $f(x)$는 $\mathbb{Q}$ 위에서 기약다항식이다.

예제 $\mathbb{Z}[x]$에 속하는 다항식 $f(x) = 2x^3 + 8x^2 + 4$는 소수 $p = 2$에 대하여

$$p \mid 4, \ p \mid 0, \ p \mid 8, \ p \mid 2, \ p^2 \mid 4$$

을 만족시킨다.

이때 $f(x)$가 Eisenstein's Criterion을 만족시키지 않기 때문에 $f(x)$는 $\mathbb{Q}$ 위에서 가약다항식이라고 단순하게 말할 수 없다.

그 이유는 다음과 같이 설명할 수 있다.

$$f(x) = 2x^3 + 8x^2 + 4 = 2(x^3 + 4x^2 + 2)$$

이므로

$$g(x) = x^3 + 4x^2 + 2$$

로 놓으면 소수 $q = 2$에 대하여

$$p \mid 2, \ p \mid 0, \ p \mid 4, \ p \nmid 1, \ p^2 \nmid 2$$

이므로 다항식 $g(x)$는 Eisenstein's Criterion을 만족시킨다.

따라서 $g(x)$는 $\mathbb{Q}$ 위에서 기약다항식이다.

그런데

$$f(x) = 2g(x)$$

이고 2는 $\mathbb{Q}$ 내에서 단원이므로 $f(x)$는 $\mathbb{Q}$ 위에서 기약다항식이다.

정리

소수 p에 대하여 다항식 $f(x) = \sum_{i=0}^{p-1} x^i = \dfrac{x^p - 1}{x - 1}$는 $\mathbb{Q}$ 위에서 기약다항식이다.

증명 다항식 $f(x)$가 $\mathbb{Q}$ 위에서 가약다항식이라고 가정하면 다항식 $f(x+1)$는 $\mathbb{Q}$ 위에서 가약다항식이다. 그런데

$$\begin{aligned} f(x+1) &= \sum_{i=0}^{p-1} (x+1)^i = \frac{(x+1)^p - 1}{(x+1) - 1} \\ &= x^{p-1} + \binom{p}{1} x^{p-2} + \cdots + \binom{p}{p-1} \end{aligned}$$

이다. 한편

$$p \mid \binom{p}{p-i}, \quad (i = 1, 2, \cdots, p-1), \qquad p \nmid 1, \qquad p^2 \nmid \binom{p}{p-1}$$

이다. 따라서 $f(x+1)$는 소수 p에 대하여 Eisenstein's Criterion을 만족시키므로 $f(x+1)$는 $\mathbb{Q}$ 위에서 기약다항식이다.

이는 모순이므로 $f(x)$는 $\mathbb{Q}$ 위에서 기약다항식이다. ▣

예제 소수 $p=7$을 선택하여 얻는 다항식

$$f(x)=x^6+x^5+x^4+x^3+x^2+x+1$$

은 $\mathbb{Q}$ 위에서 기약다항식이다.

정리

다항식 $f(x)=\sum_{i=0}^{n} a_i x^i \in \mathbb{Z}[x]$에 대하여 $\deg f(x) \geq 1$이고 적당한 소수 p가 존재하여

$$g(x)=\sum_{i=0}^{n} b_i x^i \in \mathbb{Z}_p[x], \qquad b_i \equiv a_i \pmod{p}, \qquad i=0,1,\cdots,n$$

으로 정의된 다항식 $g(x)$가 다음 조건을 모두 만족시키면 $f(x)$는 $\mathbb{Q}$ 위에서 기약다항식이다.

(1) $g(x)$는 $\mathbb{Z}_p$ 위에서 기약다항식이다.

(2) $\deg g(x)=\deg f(x)$

참고 이 정리를 mod p test 라고 말하기도 한다.

증명 다항식 $f(x)$가 $\mathbb{Q}$ 위에서 가약다항식이라고 가정하면 $f(x)$는 $\mathbb{Z}$ 위에서 가약다항식이므로 $f(x)=f_1(x)f_2(x)$를 만족시키는 다항식 $f_1(x), f_2(x) \in \mathbb{Z}[x]$가 존재한다. 만일

$$f_1(x)=\sum_{i=0}^{s} c_i x^i, \qquad f_2(x)=\sum_{i=0}^{t} d_j x^j$$

으로 놓으면 적당한 원소 $u_i, v_j \in \mathbb{Z}_p$가 존재하여

$$g_1(x)=\sum_{i=0}^{s} u_i x^i, \qquad u_i \equiv c_i \pmod{p}$$

$$g_2(x)=\sum_{j=0}^{t} v_j x^j, \qquad v_j \equiv d_j \pmod{p}$$

으로 나타낼 수 있다. 그러면

$$g(x)=g_1(x)g_2(x)$$

이고 가정에 의하여 $\deg g(x) = \deg f(x)$이므로

$$\deg g_1(x) = \deg f_1(x), \qquad \deg g_2(x) = \deg f_2(x)$$

이다. 따라서 $g(x)$는 $\mathbb{Z}_p$ 위에서 가약다항식이다.

이는 가정에 모순이므로 $f(x)$는 $\mathbb{Q}$ 위에서 기약다항식이다. ▣

예제 다항식 $f(x) = x^2 + 1 \in \mathbb{Z}[x]$와 소수 $p = 3$에 대하여 대응하는 다항식은 $g(x) = x^2 + 1 \in \mathbb{Z}_3[x]$이다. 그런데

$$g(0) \neq 0, \quad g(1) \neq 0, \quad g(2) \neq 0$$

이므로 $g(x)$는 $\mathbb{Z}_3$ 위에서 기약다항식이다. 또한

$$\deg g(x) = 2 = \deg f(x)$$

따라서 $f(x)$는 $\mathbb{Q}$ 위에서 기약다항식이다.

예제 다항식 $f(x) = 3x^2 + 4x + 6 \in \mathbb{Z}[x]$와 소수 $p = 3$에 대하여 대응하는 다항식은 $g(x) = x \in \mathbb{Z}_3[x]$이다. 그런데

$$\deg g(x) = 1 \neq 2 = \deg f(x)$$

이므로 $f(x)$가 $\mathbb{Q}$ 위에서 기약다항식인지 가약다항식인지 판정하는데 이 정리를 이용할 수 없다.

정리

체 F와 다항식 $f(x) \in F[x]$에 대하여 $\langle f(x) \rangle$가 $F[x]$ 내에서 극대아이디얼이 되기 위한 필요충분조건은 $f(x)$가 F 위에서 기약다항식인 것이다.

증명 우선 $\langle f(x) \rangle$가 $F[x]$ 내에서 극대아이디얼이라고 가정하자.

그러면 $\deg f(x) \geq 1$이다. 만일 적당한 다항식 $g(x), h(x) \in F[x]$이 존재하여 $f(x) = g(x)h(x)$이라고 가정하면

$$\langle f(x) \rangle \subset \langle g(x) \rangle \subset F[x]$$

이므로

$$\langle f(x)\rangle = \langle g(x)\rangle \quad \text{또는} \quad \langle g(x)\rangle = F[x]$$

이다. 각각의 경우를 살펴보면 다음과 같다.

(i) $\langle f(x)\rangle = \langle g(x)\rangle$이면 $g(x) \in \langle f(x)\rangle$이므로 $g(x) = f(x)k(x)$인 다항식 $k(x) \in F[x]$가 존재한다. 따라서 $f(x) = f(x)k(x)h(x)$이므로

$$f(x)(1-h(x)k(x)) = 0$$

이다. 그런데 $F[x]$는 정역이고 $f(x) \neq 0$이므로 $h(x)k(x) = 1$이다.
즉, $h(x)$는 단원이다.

(ii) $\langle g(x)\rangle = F[x]$이면 $g(x) \in F - \{0\}$이므로 $g(x)$는 단원이다.

따라서 (i), (ii)에 의하여 $f(x)$는 F 위에서 기약다항식이다.

역으로 $f(x)$가 F 위에서 기약다항식이라고 가정하자.
집합 A를 포함관계

$$\langle f(x)\rangle \subset A \subset F[x]$$

를 만족시키는 $F[x]$의 아이디얼이라고 놓으면 적당한 다항식 $f_1(x) \in F[x]$가 존재하여

$$A = \langle f_1(x)\rangle$$

이다. 또한 $f(x) \in A$이므로 적당한 다항식 $f_2(x) \in F[x]$가 존재하여

$$f(x) = f_1(x)f_2(x)$$

이다. 그런데 $f(x)$는 F 위에서 기약다항식이므로 $f_1(x)$가 단원이거나 $f_2(x)$가 단원이다.
만일 $f_1(x)$가 단원이면

$$A = \langle f_1(x)\rangle = F[x]$$

이고 $f_2(x)$가 단원이면

$$\langle f(x)\rangle = \langle f_1(x)f_2(x)\rangle = \langle f_1(x)\rangle = A$$

이다. 따라서

$$A = F[x] \quad \text{또는} \quad A = \langle f(x)\rangle$$

이므로 결과적으로 $\langle f(x)\rangle$는 $F[x]$ 내에서 극대아이디얼이다. ▣

예제 다항식 $f(x)=x^2+3\in\mathbb{Q}[x]$는 $\mathbb{Q}$ 위에서 기약다항식이므로

$$A=\langle x^2+3\rangle$$

는 $\mathbb{Q}[x]$ 내에서 극대아이디얼이다.

예제 다항식 $f(x)=5x^3+8x^2+2$는 $\mathbb{Q}$ 위에서 기약다항식이므로

$$A=\langle 5x^3+8x^2+2\rangle$$

는 $\mathbb{Q}[x]$ 내에서 극대아이디얼이다.

예제 다항식 $f(x)=x^6+x^5+x^4+x^3+x^2+x+1$은 $\mathbb{Q}$ 위에서 기약다항식이므로

$$A=\langle x^6+x^5+x^4+x^3+x^2+x+1\rangle$$

은 $\mathbb{Q}[x]$ 내에서 극대아이디얼이다.

예제 다항식 $f(x)=x^2+1\in\mathbb{Z}_3[x]$는 $\mathbb{Z}_3$ 위에서 기약다항식이므로

$$A=\langle x^2+1\rangle$$

은 $\mathbb{Z}_3[x]$ 내에서 극대아이디얼이다.

정리

체 F에 대하여 다항식 $f(x)\in F[x]$가 F 위에서 기약다항식이 되기 위한 필요충분조건은 잉여환 $F[x]/\langle f(x)\rangle$가 체이다.

증명 우선 $f(x)$가 F 위에서 기약다항식이라 가정하면 $\langle f(x)\rangle$는 $F[x]$ 내에서 극대아이디얼이다. 그런데 다항식환 $F[x]$는 단위원을 포함하는 가환환이므로 잉여환 $F[x]/\langle f(x)\rangle$는 체가 된다.

역으로 잉여환 $F[x]/\langle f(x)\rangle$가 체라고 가정하면 $\langle f(x)\rangle$는 $F[x]$ 내에서 극대아이디얼이다. 따라서 $f(x)$는 F 위에서 기약다항식이다. ▣

예제 다항식 $f(x)=x^2+3\in\mathbb{Q}[x]$는 $\mathbb{Q}$ 위에서 기약다항식이므로

$$\mathbb{Q}[x]/\langle x^2+3\rangle$$

는 체이다.

예제 다항식 $f(x)=x^6+x^5+x^4+x^3+x^2+x+1$은 $\mathbb{Q}$ 위에서 기약다항식이므로

$$\mathbb{Q}[x]/\langle x^6+x^5+x^4+x^3+x^2+x+1\rangle$$

은 체이다.

예제 다항식 $f(x)=x^2+x+1\in\mathbb{Z}_2[x]$는 $\mathbb{Z}_2$ 위에서 기약다항식이므로

$$\mathbb{Z}_2[x]/\langle x^2+x+1\rangle$$

은 체이다. 구체적으로

$$\mathbb{Z}_2[x]/\langle x^2+x+1\rangle=\{ax+b+\langle x^2+x+1\rangle\,|\,a,b\in\mathbb{Z}_2\}$$

이므로 $\mathbb{Z}_2[x]/\langle x^2+x+1\rangle$은 다음과 같은 4개의 원소들로 이루어진 체이다.

$$0+\langle x^2+x+1\rangle,\quad 1+\langle x^2+x+1\rangle,$$
$$x+\langle x^2+x+1\rangle,\quad (x+1)+\langle x^2+x+1\rangle$$

예제 다항식 $f(x)=x^2+1\in\mathbb{Z}_3[x]$는 $\mathbb{Z}_3$ 위에서 기약다항식이다. 그러므로

$$\mathbb{Z}_3[x]/\langle x^2+1\rangle$$

은 체이다. 구체적으로

$$\mathbb{Z}_3[x]/\langle x^2+1\rangle=\{ax+b+\langle x^2+1\rangle\,|\,a,b\in\mathbb{Z}_3\}$$

이므로 $\mathbb{Z}_3[x]/\langle x^2+1\rangle$은 다음과 같은 9개의 원소로 이루어진 체이다.

$$0+\langle x^2+1\rangle,\quad 1+\langle x^2+1\rangle,\quad 2+\langle x^2+1\rangle,$$
$$x+\langle x^2+1\rangle,\quad (x+1)+\langle x^2+1\rangle,\quad (x+2)+\langle x^2+1\rangle,$$
$$2x+\langle x^2+1\rangle,\quad (2x+1)+\langle x^2+1\rangle,\quad (2x+2)+\langle x^2+1\rangle.$$

정리

체 F에 대하여 다항식 $f(x)\in F[x]$가 F 위에서 기약다항식일 때 두 다항식 $g(x), h(x)\in F[x]$에 대하여 $f(x) \mid g(x)h(x)$이면 $f(x) \mid g(x)$ 또는 $f(x) \mid h(x)$이다.

증명 가정에 의하여 $f(x) \mid g(x)h(x)$이므로

$$g(x)h(x)\in \langle f(x)\rangle$$

이다. 그런데 $f(x)$가 F 위에서 기약다항식이므로 $\langle f(x)\rangle$는 $F[x]$ 내에서 극대아이디얼이다.

따라서 $\langle f(x)\rangle$는 $F[x]$ 내에서 소아이디얼이므로

$$g(x)\in \langle f(x)\rangle \quad \text{또는} \quad h(x)\in \langle f(x)\rangle$$

이다.

만일 $g(x)\in \langle f(x)\rangle$이면 $g(x)=f(x)f_1(x)$인 다항식 $f_1(x)\in F[x]$가 존재하므로 $f(x) \mid g(x)$이다.

만일 $h(x)\in \langle f(x)\rangle$이면 $h(x)=f(x)f_2(x)$인 다항식 $f_2(x)\in F[x]$가 존재하므로 $f(x) \mid h(x)$이다.

결과적으로 $f(x) \mid g(x)h(x)$이면 $f(x) \mid g(x)$ 또는 $f(x) \mid h(x)$이다. ▣

예제 다항식 $f(x)=5x^3+8x^2+2\in \mathbb{Q}[x]$는 $\mathbb{Q}$ 위에서 기약다항식이다.
따라서 다항식 $g(x), h(x)\in \mathbb{Q}[x]$에 대하여

$$f(x) \mid g(x)h(x)$$

라고 가정하면 $f(x) \mid g(x)$ 또는 $f(x) \mid h(x)$가 성립한다.

예제 다항식 $f(x)=x^2+1\in \mathbb{Z}_3[x]$는 $\mathbb{Z}_3$ 위에서 기약다항식이다.
따라서 다항식 $g(x), h(x)\in \mathbb{Z}_3[x]$에 대하여

$$f(x) \mid g(x)h(x)$$

라고 가정하면 $f(x) \mid g(x)$ 또는 $f(x) \mid h(x)$이다.

정리

체 F에 대하여 다항식 $f(x) \in F[x]$가 F 위에서 기약다항식일 때 n개의 다항식 $g_i(x) \in F[x]$, $i = 1, 2, \cdots, n$에 대하여 $f(x) \mid g_1(x) g_2(x) \cdots g_n(x)$이면 적당한 i가 존재하여 $f(x) \mid g_i(x)$이다.

증명 n에 대한 수학적 귀납법으로 증명하기로 한다.

(i) $n = 2$인 경우에 $f(x) \mid g_1(x) g_2(x)$이라고 가정하면 $f(x) \mid g_1(x)$ 또는 $f(x) \mid g_2(x)$이므로 적당한 i가 존재하여 $f(x) \mid g_i(x)$이다. 따라서 정리가 성립한다.

(ii) $n = k$ 인 경우에 정리가 성립한다고 가정하자. 즉, $f(x) \mid g_1(x) g_2(x) \cdots g_k(x)$일 때 적당한 i가 존재하여 $f(x) \mid g_i(x)$가 성립한다고 가정하자.

(iii) $n = k + 1$인 경우에 $f(x) \mid g_1(x) g_2(x) \cdots g_{k+1}(x)$이라고 가정하면

$$g_1(x) g_2(x) \cdots g_{k+1}(x) = \{g_1(x) g_2(x) \cdots g_k(x)\} g_{k+1}(x)$$

이므로

$$f(x) \mid g_1(x) g_2(x) \cdots g_k(x) \quad \text{또는} \quad f(x) \mid g_{k+1}(x)$$

이다.

만일 $f(x) \mid g_1(x) g_2(x) \cdots g_k(x)$이라면 수학적 귀납법 가정에 의하여 적당한 i가 존재하여 $f(x) \mid g_i(x)$이므로 정리가 성립한다.

만일 $f(x) \mid g_{k+1}(x)$이라면 역시 정리가 성립한다.

따라서 수학적 귀납법에 의하여 모든 자연수 n에 대하여 정리가 성립한다. ▣

연습문제

1. 다음에 주어진 다항식환의 표수를 구하시오.

(1) $\mathbb{Q}[x]$　　(2) $\mathbb{C}[x]$　　(3) $\mathbb{Z}_{11}[x]$

2. 정역 $\mathbb{R}$ 에 대하여 $f(x)=5x^2+125\in\mathbb{R}[x]$가 $\mathbb{R}$ 위에서 기약다항식이 되는지 판정하고 이를 증명하시오.

3. 다음에 주어진 다항식 $f(x)$의 근 a의 중복도를 구하시오.

(1) $f(x)=(x-21)^7(x^2+11)\in\mathbb{Q}[x]$,　　$a=21$

(2) $f(x)=(x-4)^3(x^2+5)\in\mathbb{Z}_{11}[x]$,　　$a=4$

4. 다음에 주어진 환이 주아이디얼정역인지 판정하고 이를 증명하시오.

(1) $\mathbb{Q}$　　(2) $\mathbb{Q}[x]$　　(3) $\mathbb{Z}_{11}[x]$

5. 다음에 주어진 다항식이 $\mathbb{Q}$ 위에서 기약다항식인지 가약다항식인지 판정하고 이를 증명하시오.

(1) $f(x)=x^2+7$　　(2) $f(x)=x^3+10x^2+25x+5$

(3) $f(x)=x^4-3x^2-10$

6. 다음에 주어진 아이디얼이 주어진 환 R의 극대아이디얼이 되는지 판정하고 이를 증명하시오.

(1) $\langle x^3+3x+6\rangle$,　$R=\mathbb{Q}[x]$　　(2) $\langle x^2+x+1\rangle$,　$R=\mathbb{Q}[x]$

(3) $\langle x^2+x+1\rangle$,　$R=\mathbb{Z}_5[x]$　　(4) $\langle x^2+2x+1\rangle$,　$R=\mathbb{Z}_5[x]$

7. 다음에 주어진 잉여환이 체가 되는지 판정하고 이를 증명하시오.

(1) $\mathbb{Q}[x]/\langle x^3+3x+6\rangle$ (2) $\mathbb{Q}[x]/\langle x^2+x+1\rangle$

(3) $\mathbb{Z}_5[x]/\langle x^2+x+1\rangle$ (4) $\mathbb{Z}_5[x]/\langle x^2+2x+1\rangle$

8. 다항식환 $\mathbb{Z}_5[x]$와 기약다항식 $f(x)$를 이용하여 원소가 25인 체를 구하시오.

CHAPTER

7

유일인수분해정역
(Unique factorization domains)

이 장에서는 유일인수분해정역, 유클리드정역을 학습하고 주아이디얼정역과의 관계에 대하여 살펴본다.

정의

정역 R에 속하는 원소 r이 다음 조건을 모두 만족시키면 r을 **기약원(irreducible element)**이라고 한다.

(1) $r \neq 0_R$이고 r은 단원이 아니다.

(2) 적당한 원소 $b, c \in R$에 대하여 $r = bc$이면 b가 단원이거나 c가 단원이다.

예제 원소 $r = 2 \in \mathbb{Z}$는 기약원이 됨을 다음과 같이 보일 수 있다.

(1) $2 \neq 0$이고 2는 단원이 아니다.

(2) 원소 $b, c \in \mathbb{Z}$에 대하여 $2 = bc$라고 가정하면 $2 \mid b$ 또는 $2 \mid c$이다.
만일 $2 \mid b$이면 $b = 2m$인 정수 m가 존재하고 $2 = 2mc$이므로 $mc = 1$이다.
따라서 c는 단원이다.
또한 만일 $2 \mid c$이면 $c = 2n$인 정수 n이 존재하고 $2 = 2nb$이므로 $nb = 1$이다.
따라서 b는 단원이다.

결과적으로 (1)과 (2)에 의하여 원소 2는 기약원이다.

예제 원소 $r = 2 \in \mathbb{Q}[x]$는 단원이므로 기약원이 아니다.

예제 다항식 $f(x) = x + 1 \in \mathbb{Q}[x]$는 기약원이 됨을 다음과 같이 보일 수 있다.

(1) $f(x) \neq 0$이고 $f(x)$는 단원이 아니다.

(2) 다항식 $g(x), h(x) \in \mathbb{Q}[x]$에 대하여 $f(x) = g(x)h(x)$ 라고 가정하면

$$f(x) \mid g(x)h(x)$$

이다. 그런데 $f(x)$는 $\mathbb{Q}$ 위에서 기약다항식이므로 $f(x) \mid g(x)$ 또는 $f(x) \mid h(x)$이다. 만일 $f(x) \mid g(x)$이면 $g(x) = f(x)k(x)$를 만족시키는 다항식 $k(x) \in \mathbb{Q}[x]$가 존재하고

$$f(x)=f(x)k(x)h(x)$$

이다. 그런데 $\mathbb{Q}[x]$는 정역이므로

$$k(x)h(x)=1$$

이다. 따라서 $h(x)\in\mathbb{Q}$ 이고 $h(x)$는 단원이다.
또한 만일 $f(x)\mid h(x)$이면 $h(x)=f(x)q(x)$를 만족시키는 다항식 $q(x)\in\mathbb{Q}[x]$가 존재하고

$$f(x)=g(x)f(x)q(x)$$

이다. 그런데 $\mathbb{Q}[x]$는 정역이므로

$$g(x)q(x)=1$$

이다. 따라서 $g(x)\in\mathbb{Q}$ 이고 $g(x)$는 단원이다.

그러므로 결과적으로 (1)과 (2)에 의하여 다항식 $f(x)=x+1$은 기약원이다.

정의

정역 R에 속하는 원소 r이 다음 조건을 모두 만족시키면 r을 **소원(prime element)** 이라고 한다.

(1) $r\neq 0_R$이고 r은 단원이 아니다.

(2) 적당한 원소 $b,c\in R$에 대하여 $r\mid bc$이면 $r\mid b$ 또는 $r\mid c$이다.

예제 원소 $r=2\in\mathbb{Z}$가 소원임을 다음과 같이 보일 수 있다.

(1) 우선 $2\neq 0$이고 2는 단원도 아니다.

(2) 원소 $b,c\in\mathbb{Z}$에 대하여 $2\mid bc$ 라고 가정하면 2가 소수이므로 $2\mid b$ 또는 $2\mid c$ 이다.

그러므로 (1)과 (2)에 의하여 원소 2는 소원이다.

예제 원소 $r=2\in\mathbb{Q}[x]$는 단원이므로 소원이 아니다.

예제 다항식 $f(x)=x+1\in\mathbb{Q}[x]$가 소원임을 다음과 같이 보일 수 있다.

(1) $x+1\neq 0$이고 $x+1$는 단원도 아니다.

(2) 다항식 $g(x), h(x)\in\mathbb{Q}[x]$에 대하여 $f(x)\mid g(x)h(x)$이라면 $f(x)$는 $\mathbb{Q}$ 위에서 기약다항식이므로 $f(x)\mid g(x)$ 또는 $f(x)\mid h(x)$이다.

그러므로 (1)과 (2)에 의하여 $f(x)=x+1$은 소원이다.

정리

정역 R에 속하는 원소 r이 소원이면 r은 기약원이다.

증명 원소 r이 소원이므로 $r\neq 0_R$이고 r은 단원도 아니다. 또한 두 원소 $b,c\in R$에 대하여 $r=bc$ 라고 가정하면 $r\mid bc$이므로 $r\mid b$ 또는 $r\mid c$ 이다.

만일 $r\mid b$이면 $b=rs$인 원소 $s\in R$가 존재하고 $r=rsc$이다. 그런데 R은 정역이므로 $sc=1$이다. 따라서 c는 단원이다.

만일 $r\mid c$이면 $c=rt$인 원소 $t\in R$가 존재하고 $r=brt$이다. 그런데 R은 정역이므로 $bt=1$이다. 따라서 b는 단원이다.

그러므로 $r=bc$라고 가정할 때 b가 단원이거나 c가 단원이므로 r는 기약원이다. ▣

예제 정역 $\mathbb{Z}$에 속하는 원소 $r=2$는 소원이므로 $r=2$는 기약원이다.

예제 정역 $\mathbb{Q}[x]$에 속하는 원소 $r=2$는 단원이므로 $r=2$는 기약원이 아니다. 따라서 $r=2$는 소원이 아니다.

예제 정역 $\mathbb{Q}[x]$에 속하는 원소 $f(x)=x+1$는 소원이므로 $f(x)=x+1$는 기약원이다.

정리

주아이디얼정역 R에 속하는 원소 r이 기약원이면 r은 소원이다.

증명 우선 r이 기약원이므로 $r \neq 0_R$이고 r은 단원도 아니다.

원소 $b, c \in R$에 대하여 $r \mid bc$라고 가정하고 집합 A를

$$A = \{rs + bt \mid s, t \in R\}$$

으로 놓으면 A는 R의 아이디얼이다. 그런데 R은 주아이디얼정역이므로

$$A = \langle a \rangle$$

를 만족시키는 원소 $a \in R$가 존재한다.

한편 $s = 1_R$, $t = 0$으로 놓으면 $r \in A$이므로

$$r = ad$$

인 원소 $d \in R$가 존재한다. 그런데 가정에 의하여 r은 기약원이므로 a가 단원이거나 d가 단원이다.

만일 a가 단원이라면 $A = R$이다. 따라서 $1_R \in A$이므로

$$1_R = rs + bt$$

를 만족시키는 원소 $s, t \in R$가 존재한다. 양변에 c를 곱하면

$$c = rsc + btc$$

이고 $r \mid rsc$ 와 $r \mid btc$ 가 성립하므로 $r \mid c$ 이다.

만일 d가 단원이면 $\langle r \rangle = \langle a \rangle$이므로 $A = \langle r \rangle$이다. 그런데 $b \in A$이므로 $b = rb_1$을 만족시키는 원소 $b_1 \in R$이 존재한다. 따라서 $r \mid b$이다.

결과적으로 $r \mid bc$라고 가정하면 $r \mid b$ 또는 $r \mid c$이므로 원소 r는 소원이다. ▣

예제 $\mathbb{Z}$는 주아이디얼정역이고 원소 $r = 2$는 기약원이므로 $r = 2$는 소원이다.

예제 주아이디얼정역 $\mathbb{Q}[x]$에 속하는 원소 $r = 2$는 단원이므로 소원이 아니다. 따라서 $r = 2$는 기약원이 아니다.

예제 $\mathbb{Q}[x]$는 주아이디얼정역이고 $f(x) = x + 1$는 기약원이므로 $f(x) = x + 1$는 소원이다.

정리

정역 $\mathbb{Z}[\sqrt{-5}\,]=\{n+m\sqrt{-5}\mid n,m\in\mathbb{Z}\}$에 속하는 원소 $a=n+m\sqrt{-5}$에 대하여 $N(a)=n^2+5m^2$이라고 정의하면 다음이 성립한다.

(1) 임의의 두 원소 $a,b\in\mathbb{Z}[\sqrt{-5}\,]$에 대하여 $N(ab)=N(a)N(b)$이다.

(2) a가 단원이기 위한 필요충분조건은 $N(a)=1$이다.

증명 (1) $a,b\in\mathbb{Z}[\sqrt{-5}\,]$이므로 정수 n_1,n_2,m_1,m_2가 존재하여 $a=n_1+m_1\sqrt{-5}$이고 $b=n_2+m_2\sqrt{-5}$이다. 따라서

$$ab=(n_1n_2-5m_1m_2)+(n_1m_2+m_1n_2)\sqrt{-5}$$

이고

$$\begin{aligned}N(ab)&=(n_1n_2-5m_1m_2)^2+5(n_1m_2+m_1n_2)^2\\&=(n_1^2n_2^2+25m_1^2m_2^2)+5(n_1^2m_2^2+m_1^2n_2^2)\\&=(n_1^2+5m_1^2)(n_2^2+5m_2^2)\\&=N(a)N(b)\end{aligned}$$

(2) 우선 원소 a가 단원이라고 가정하자. 그러면 적당한 원소 $b\in\mathbb{Z}[\sqrt{-5}\,]$가 존재하여 $ab=1$이다. 따라서

$$N(a)N(b)=N(ab)=N(1)=1$$

이다. 그런데 $N(a)$는 자연수이므로 $N(a)=1$이다.

역으로 $a=n+m\sqrt{-5}$이고 $N(a)=1$이라고 가정하자. 그러면

$$N(a)=n^2+5m^2=1$$

이므로

$$(n+m\sqrt{-5})(n-m\sqrt{-5})=1$$

이다. 따라서 $a=n+m\sqrt{-5}$는 단원이다. ▣

예제 정역 $\mathbb{Z}[\sqrt{-5}\,]$에 속하는 원소 $a=1+\sqrt{-5}$가 기약원이지만 소원이 아니라는 것을 다음과 같이 증명할 수 있다.

적당한 원소 $b,c \in \mathbb{Z}[\sqrt{-5}]$에 대하여 $a=bc$라면

$$N(a)=N(bc)=N(b)N(c)$$

이고 $N(a)=6$이므로 다음과 같은 3가지 경우가 존재한다.

(i) $N(b)=1,\quad N(c)=6$ (ii) $N(b)=6,\quad N(c)=1$

(iii) $N(b)=2,\quad N(c)=3$ (iv) $N(b)=3,\quad N(c)=2$

각각의 경우를 살펴보면 다음과 같다.

(i) $N(b)=1$이고 $N(c)=6$이라면 b가 단원이다.

(ii) $N(b)=6$이고 $N(c)=1$이라면 c가 단원이다.

(iii) $N(b)=2$이고 $N(c)=3$이라면 적당한 정수 n,m이 존재하여 $b=n+m\sqrt{-5}$로 나타낼 수 있고 $N(b)=n^2+5m^2=2$이다. 그런데 이 식을 만족시키는 정수 n과 m은 존재하지 않는다. 따라서 이 경우는 존재하지 않는다.

(iv) $N(b)=3$이고 $N(c)=2$이라면 적당한 정수 k,ℓ이 존재하여 $b=k+\ell\sqrt{-5}$로 나타낼 수 있고 $N(b)=k^2+5\ell^2=3$이다. 그런데 이 식을 만족시키는 정수 k와 ℓ은 존재하지 않는다. 따라서 이 경우는 존재하지 않는다.

결론적으로 $a=bc$라고 가정하면 b가 단원이거나 c가 단원이다. 즉, $a=1+\sqrt{-5}$는 기약원이다.

이제 a가 소원이 아니라는 것을 보이자.

$$a \mid a(1-\sqrt{-5})$$

이고

$$a(1-\sqrt{-5})=6=2\times 3$$

이므로 $a \mid (2\times 3)$이다.

만일 $a \mid 2$라고 가정하면

$$2=a(s+t\sqrt{-5})=(1+\sqrt{-5})(s+t\sqrt{-5})$$

인 정수 s,t가 존재한다. 따라서

$$s-5t=2,\qquad (s+t)\sqrt{-5}=0$$

이다. 그런데 이 식을 만족시키는 정수 s,t는 존재하지 않으므로 모순을 얻는다. 따라서 $a \nmid 2$이다.

또한 만일 $a \mid 3$라고 가정하면

$$3 = a(s + t\sqrt{-5}) = (1 + \sqrt{-5})(s + t\sqrt{-5})$$

인 정수 s,t가 존재한다. 따라서

$$s - 5t = 3, \qquad (s + t)\sqrt{-5} = 0$$

이다. 그런데 이 식을 만족시키는 정수 s,t는 존재하지 않으므로 모순을 얻는다. 따라서 $a \nmid 3$이다.

결과적으로 $a = 1 + \sqrt{-5}$는 소원이 아님을 알 수 있다.

정의

정역 R이 다음 조건을 모두 만족시키면 R을 **유일인수분해정역(unique factorization domain)**이라고 한다.

(1) 원소 $r \neq 0_R \in R$이 단원이 아니면 적당한 기약원 $p_1, p_2, \cdots, p_n$이 존재하여 $r = p_1 p_2 \cdots p_n$이다.

(2) 만일 적당한 기약원 $p_1, p_2, \cdots, p_n$과 $q_1, q_2, \cdots, q_m$에 대하여 $r = p_1 p_2 \cdots p_n$이고 $r = q_1 q_2 \cdots q_m$이면 $n = m$이고 각각의 p_i에 대하여 적당한 단원 u_j가 존재하여 $p_i = u_j q_j$이다.

정리

정역 R이 주아이디얼정역이고 원소 $r \neq 0_R \in R$이 단원이 아니라면 적당한 기약원 $p \in R$와 원소 $a \in R$가 존재하여 $r = pa$이다.

증명 만일 원소 r이 기약원이면 $p = r,\ a = 1_R$으로 놓으면 $r = pa$이 성립한다.
만일 원소 r이 기약원이 아니면 단원이 아닌 적당한 원소 $r_1, a_1 \in R - \{0_R\}$이 존재하여 $r = r_1 a_1$으로 나타낼 수 있다.

이때 만일 r_1이 기약원이면 정리가 성립한다.

만일 r_1이 기약원이 아니라면 단원이 아닌 적당한 원소 $r_2, a_2 \in R - \{0_R\}$가 존재하여 $r_1 = r_2 a_2$로 나타낼 수 있으므로 $r = r_1 a_1 = r_2(a_2 a_1)$이다.

이때 만일 r_2가 기약원이면 정리가 성립한다.

만일 r_2가 기약원이 아니라면 단원이 아닌 적당한 원소 $r_3, a_3 \in R - \{0_R\}$가 존재하여 $r_2 = r_3 a_3$로 나타낼 수 있으므로 $r = r_1 a_1 = r_3(a_3 a_2 a_1)$이다.

이때 만일 r_3가 기약원이면 정리가 성립한다.

만일 r_3가 기약원이 아니라면 이와 같은 과정을 반복한다.

즉, 이와 같은 과정을 통해서 만일 적당한 자연수

$$t = \min\{m \mid r_m \text{은 기약원이다}\}$$

가 존재하면 $r = r_1 a_1 = r_t(a_t a_{t-1} \cdots a_1)$이고 r_t가 기약원이므로 정리가 성립한다.

만일 그렇지 않으면 이와 같은 과정을 계속할 수 있고 이 과정을 통해서 얻을 수 있는 단원이 아닌 원소 $r_i \in R - \{0_R\}$로 생성되는 주아이디얼을 살펴보면

$$\langle r_1 \rangle \subset \langle r_2 \rangle \subset \cdots \subset \langle r_n \rangle \subset \cdots$$

와 같은 포함관계를 얻을 수 있다. 이제

$$A = \bigcup_{i=1}^{\infty} \langle r_i \rangle$$

로 놓으면 명백히 A는 R의 아이디얼이고 R은 주아이디얼정역이므로

$$A = \langle b \rangle$$

인 원소 $b \in R$가 존재한다.

따라서 $b \in \langle r_k \rangle$인 원소 r_k가 존재하고

$$A = \langle b \rangle \subset \langle r_k \rangle \subset A$$

이므로

$$A = \langle r_k \rangle$$

이다. 즉, $r_i \in R - \{0_R\}$로 생성되는 주아이디얼의 포함관계는

$$\langle r_1 \rangle \subset \langle r_2 \rangle \subset \cdots \subset \langle r_k \rangle = \langle r_{k+1} \rangle = \cdots$$

임을 알 수 있다.

따라서 r_k는 기약원이고

$$r = r_1 a_1 = r_k (a_k a_{k-1} \cdots a_1)$$

이므로

$$p = r_k, \qquad a = a_k a_{k-1} \cdots a_1$$

로 놓으면 정리가 성립한다. ▣

예제 환 $\mathbb{Z}$는 주아이디얼정역이고 단원이 아닌 원소 12에 대하여 기약원 2가 존재하여 $12 = 2 \times 6$으로 나타낼 수 있다.

정리

정역 R이 주아이디얼정역이고 원소 $r \neq 0_R \in R$이 단원이 아니라면 적당한 기약원 $p_1, p_2, \cdots, p_m \in R$이 존재하여 $r = p_1 p_2 \cdots p_m$이다.

증명 만일 r이 기약원이면 정리가 성립한다. 만일 r이 기약원이 아니라면 적당한 원소 $a \in R$와 기약원 $p_1 \in R$이 존재하여 $r = p_1 a$이다.

이때 a가 기약원이면 정리가 성립한다.

만일 a가 기약원이 아니라면 적당한 원소 $a_1 \in R$과 기약원 $p_2 \in R$가 존재하여 $a = p_2 a_1$이고 $r = p_1 p_2 a_1$이다.

만일 a_1이 기약원이면 정리가 성립한다.

만일 a_1이 기약원이 아니라면 적당한 원소 $a_2 \in R$와 기약원 $p_3 \in R$가 존재하여 $a_1 = p_3 a_2$이고 $r = p_1 p_2 p_3 a_2$이다.

이와 같은 과정을 반복하면 a_n이 기약원이 아닌 경우 적당한 원소 $a_{n+1} \in R$과 기약원 $p_{n+2} \in R$가 존재하여 $a_n = p_{n+2} a_{n+1}$로 나타낼 수 있다.

만일 적당한 a_t가 기약원이면 정리가 성립한다.

만일 모든 a_i, $i = 1, 2, \cdots, n+1$가 기약원이 아니면 이와 같은 과정을 계속하여 얻어지는 원소 $a_i \in R - \{0_R\}$로 생성되는 주아이디얼을 살펴보면

$$\langle a_1 \rangle \subset \langle a_2 \rangle \subset \cdots \subset \langle a_{n+1} \rangle \subset \cdots$$

와 같은 포함관계를 얻을 수 있다. 이제

$$B = \bigcup_{i=1}^{\infty} \langle a_i \rangle$$

로 놓으면 명백히 B는 R의 아이디얼이고 R이 주아이디얼정역이므로

$$B = \langle b \rangle$$

인 원소 $b \in R$가 존재한다. 따라서 $b \in \langle a_k \rangle$인 a_k가 존재하고

$$B = \langle b \rangle \subset \langle a_k \rangle \subset B$$

이므로

$$B = \langle a_k \rangle$$

이다. 즉, $a_i \in R - \{0_R\}$로 생성되는 주아이디얼의 포함관계는

$$\langle a_1 \rangle \subset \langle a_2 \rangle \subset \cdots \subset \langle a_k \rangle = \langle a_{k+1} \rangle = \cdots$$

임을 알 수 있다.

따라서 a_k가 기약원이고 $r = p_1 p_2 \cdots p_{k+1} a_k$임을 알 수 있다. 그러므로

$$a_k = p_{k+2}, \qquad m = k+2$$

라고 놓으면

$$r = p_1 p_2 \cdots p_{k+1} p_{k+2} = p_1 p_2 \cdots p_m$$

으로 나타낼 수 있으므로 정리가 증명된다. ▣

예제 $\mathbb{Z}$는 주아이디얼정역이고 원소 12에 대하여 기약원 2, 2, 3이 존재하여

$$12 = 2 \times 2 \times 3$$

으로 나타낼 수 있다.

정리

정역 R이 주아이디얼정역이고 원소 $r \neq 0_R \in R$이 단원이 아니라고 가정하자. 만일 적당한 기약원 $p_1, p_2, \cdots, p_n$과 $q_1, q_2, \cdots, q_m$이 존재하여

$$r = p_1 p_2 \cdots p_n \text{이고} \quad r = q_1 q_2 \cdots q_m$$

이라면 모든 q_i에 대하여 적당한 기약원 p_j와 단원 u_j가 존재하여 $q_i = u_j p_j$로 나타낼 수 있고 $n = m$이다.

증명 가정에 의하여 $p_1 p_2 \cdots p_n = q_1 q_2 \cdots q_m$이므로

$$q_i | p_1 p_2 \cdots p_n$$

이다. 그런데 R이 주아이디얼정역이므로 q_i는 소원이고 $q_i | p_j$인 p_j가 존재한다. 따라서 적당한 원소 $v_j \in R$가 존재하여 $p_j = v_j q_i$이고 p_j와 q_i가 기약원이므로 v_j는 단원이다. 즉, $u_j = v_j^{-1}$로 놓으면 u_j는 단원이고 $q_i = u_j p_j$이다.

이제 $n = m$을 증명하기 위하여 우선 $n > m$이라고 가정하자. 그러면 가정에 의하여 모든 q_i에 대하여 적당한 기약원 p_j와 단원 u_j가 존재하여 $q_i = u_j p_j$로 나타낼 수 있으므로

$$\begin{aligned} p_1 p_2 \cdots p_n &= q_1 q_2 \cdots q_m \\ &= (u_1 u_2 \cdots u_m)(p_1 p_2 \cdots p_m) \end{aligned}$$

이다. 그런데 R은 정역이므로

$$p_{m+1} p_{m+2} \cdots p_n = u_1 u_2 \cdots u_m$$

이고

$$p_{m+1} p_{m+2} \cdots p_n (u_1 u_2 \cdots u_m)^{-1} = 1_R$$

이다. 따라서 p_n은 단원이다. 이는 가정에 모순이므로 $n \le m$임을 알 수 있다.

이제 $n < m$이라고 가정하자. 그러면 가정에 의하여 모든 p_i에 대하여 적당한 기약원 q_j와 단원 w_j가 존재하여 $p_i = w_j q_j$로 나타낼 수 있으므로

$$\begin{aligned} q_1 q_2 \cdots q_m &= p_1 p_2 \cdots p_n \\ &= (w_1 w_2 \cdots w_n)(q_1 q_2 \cdots q_n) \end{aligned}$$

이다. 그런데 R은 정역이므로

$$q_{n+1} q_{n+2} \cdots q_m = w_1 w_2 \cdots w_n$$

이고

$$q_{n+1} q_{n+2} \cdots q_m (w_1 w_2 \cdots w_n)^{-1} = 1_R$$

이다. 따라서 q_m은 단원이다. 이는 가정에 모순이므로 결과적으로 $n=m$임을 알 수 있다. ▣

예제 환 $\mathbb{Z}$는 주아이디얼정역이고 원소 $12 \in \mathbb{Z}$에 대하여 기약원 $2, 2, 3$과 $3, -2, -2$가 존재하여

$$12 = 2 \times 2 \times 3 = (-2) \times (-2) \times 3$$

로 나타낼 수 있다. 또한 단원 -1과 1에 대하여

$$-2 = (-1) \times 2, \qquad 3 = 1 \times 3$$

으로 나타낼 수 있다.

정리

정역 R이 주아이디얼정역이면 R은 유일인수분해정역이다.

증명 정역 R이 주아이디얼정역이므로 단원이 아닌 원소 $r \neq 0 \in R$에 대하여 적당한 기약원 $p_1, p_2, \cdots, p_n$이 존재하여 $r = p_1 p_2 \cdots p_n$이다.

또한 만일 적당한 기약원 $p_1, p_2, \cdots, p_n$과 $q_1, q_2, \cdots, q_m$에 대하여

$$r = p_1 p_2 \cdots p_n \text{이고} \qquad r = q_1 q_2 \cdots q_m$$

이면 $n=m$이고 각각의 q_i에 대하여 적당한 단원 u_j가 존재하여 $p_i = u_j q_j$가 성립한다.

따라서 결과적으로 R은 유일인수분해정역이다. ▣

예제 $\mathbb{Z}$는 주아이디얼정역이므로 $\mathbb{Z}$는 유일인수분해정역이다.

예제 $\mathbb{R}$은 주아이디얼정역이므로 $\mathbb{R}$은 유일인수분해정역이다.

예제 $\mathbb{Z}_3$는 주아이디얼정역이므로 $\mathbb{Z}_3$는 유일인수분해정역이다.

예제 $\mathbb{Q}[x]$는 주아이디얼정역이므로 $\mathbb{Q}[x]$는 유일인수분해정역이다.

예제 체 F에 대하여 $F[x]$는 주아이디얼정역이므로 $F[x]$는 유일인수분해정역이다.

정의

정역 R에 대하여 다음 조건을 모두 만족시키는 함수 $\phi : R-\{0_R\} \to \mathbb{N} \cup \{0\}$가 존재하면 R을 **유클리드정역(Euclidean domain)**이라고 한다.

(1) 임의의 원소 $a, b \in R-\{0_R\}$에 대하여 $\phi(a) \le \phi(ab)$이다.

(2) 임의의 원소 $a, b \in R$, $b \ne 0_R$에 대하여 적당한 원소 $q, r \in R$이 존재하여 $a = bq + r$이다. (단, $r = 0_R$ 또는 $\phi(r) < \phi(b)$이다.)

예제 정역 $\mathbb{Z}$에 대하여 함수 $\phi : \mathbb{Z}^* \to \mathbb{N} \cup \{0\}$를

$$\phi(a) = |a|, \qquad a \in \mathbb{Z}^*$$

으로 정의하면 ϕ는 다음 두 조건을 모두 만족시키므로 $\mathbb{Z}$는 유클리드정역이다.

(1) 임의의 원소 $a, b \in \mathbb{Z}^*$에 대하여

$$\phi(a) = |a| \le |ab| = \phi(ab)$$

(2) 임의의 원소 $a, b \in \mathbb{Z}$, $b \ne 0$에 대하여 적당한 원소 $q, r \in \mathbb{Z}$이 존재하여 $a = bq + r$이다. (단, $r = 0$ 또는 $\phi(r) = |r| < |b| = \phi(b)$이다.)

예제 정역 $\mathbb{Q}[x]$에 대하여 함수 $\phi : \mathbb{Q}[x] - \{0\} \to \mathbb{N} \cup \{0\}$를

$$\phi(f(x)) = \deg f(x), \qquad f(x) \in \mathbb{Q}[x] - \{0\}$$

으로 정의하면 ϕ는 다음 두 조건을 모두 만족시키므로 $\mathbb{Q}[x]$는 유클리드정역이다.

(1) 임의의 원소 $f(x), g(x) \in \mathbb{Q}[x] - \{0\}$에 대하여

$$\phi(f(x)) = \deg f(x) \le \deg f(x)g(x) = \phi(f(x)g(x))$$

(2) 임의의 원소 $f(x), g(x) \in \mathbb{Q}[x]$, $g(x) \ne 0$에 대하여 적당한 원소 $q(x), r(x) \in \mathbb{Q}[x]$가 존재하여 $f(x) = g(x)q(x) + r(x)$이다.
(단, $r(x) = 0$ 또는 $\phi(r(x)) < \phi(g(x))$이다.)

정리

정역 R이 유클리드정역이면 R은 주아이디얼정역이다.

증명 A가 유클리드정역 R의 아이디얼이라고 가정하자.

가정에 의하여 R은 유클리드정역이므로 다음 조건을 모두 만족시키는 함수 $\phi : R-\{0_R\} \to \mathbb{N} \cup \{0\}$가 존재한다.

(1) 임의의 원소 $a,b \in R-\{0_R\}$에 대하여 $\phi(a) \le \phi(ab)$이다.

(2) 임의의 원소 $a,b \in R$, $b \ne 0_R$에 대하여 적당한 원소 $q,r \in R$이 존재하여

$a = bq + r$이다. (단, $r = 0_R$ 또는 $\phi(r) < \phi(b)$이다.)

그런데 $\phi(A) \subset \mathbb{N} \cup \{0\}$이므로

$$\phi(a) = \min\{\phi(b) \mid b \in A, b \ne 0_R\}$$

인 원소 $a \in A - \{0_R\}$가 존재한다.

이제 $A = \langle a \rangle$임을 보이자. 임의의 원소 $c \in A$에 대하여 적당한 원소 $q,r \in R$이 존재하여 $c = aq + r$이다. (단, $r = 0$ 또는 $\phi(r) < \phi(a)$이다.)

따라서

$$r = c - aq \in A$$

이므로 $\phi(a)$의 최소성에 의하여 $r = 0$이다. 그러므로

$$c = aq \in \langle a \rangle$$

이고 $A \subset \langle a \rangle$이다.

또한 $a \in A$이고 A가 R의 아이디얼이므로 포함관계 $\langle a \rangle \subset A$가 성립한다.

따라서 결과적으로

$$A = \langle a \rangle$$

이므로 R은 주아이디얼정역이다. ▣

예제 $\mathbb{Z}$가 유클리드정역이므로 $\mathbb{Z}$는 주아이디얼정역이다.

예제 $\mathbb{Q}[x]$가 유클리드정역이므로 $\mathbb{Q}[x]$는 주아이디얼정역이다.

정리

정역 R이 유클리드정역이면 R은 유일인수분해정역이다.

증명 정역 R이 유클리드정역이면 R은 주아이디얼정역이다. 그런데 주아이디얼정역은 유일인수분해정역이므로 R은 유일인수분해정역이 된다. ▣

예제 $\mathbb{Z}$가 유클리드정역이므로 $\mathbb{Z}$는 유일인수분해정역이다.

예제 $\mathbb{Q}[x]$가 유클리드정역이므로 $\mathbb{Q}[x]$는 유일인수분해정역이다.

연습문제

1. 다음에 주어진 원소가 기약원인지 판정하고 이를 증명하시오.

(1) $11 \in \mathbb{Z}$ (2) $11 \in \mathbb{C}[x]$ (3) $x+11 \in \mathbb{C}[x]$

2. 다음에 주어진 원소가 소원인지 판정하고 이를 증명하시오.

(1) $11 \in \mathbb{Z}$ (2) $11 \in \mathbb{C}[x]$ (3) $x+11 \in \mathbb{C}[x]$

3. 다음에 주어진 환이 유일인수분해정역인지 판정하고 이를 증명하시오.

(1) $\mathbb{Q}$ (2) $\mathbb{C}$ (3) $\mathbb{Z}_7$ (4) $\mathbb{C}[x]$

4. 체 F에 대하여 $F[x]$가 유클리드정역인지 판정하고 이를 증명하시오.

연습문제 풀이

제1장 환

1. 다음에 주어진 집합이 환이 되도록 연산을 정의하시오.

(1) $\mathbb{Z}_{25}$ (2) $\mathbb{Z} \times \mathbb{R}$ (3) $\mathbb{Z}_{10} \times \mathbb{Z}$ (4) $M_n(\mathbb{Z}_3)$

풀이 (1) $\mathbb{Z}_{25}$는 법 25에 대한 덧셈연산과 법 25에 대한 곱셈연산에 대하여 환이다.

(2) 임의의 원소 $(a,b),(c,d) \in \mathbb{Z} \times \mathbb{R}$ 에 대하여 덧셈연산과 곱셈연산을

$$(a,b)+(c,d) = (a+c, b+d), \qquad (a,b)(c,d) = (ac, bd)$$

로 정의하면 $\mathbb{Z} \times \mathbb{R}$ 는 환이다.

(3) 임의의 원소 $(a,b),(c,d) \in \mathbb{Z}_{10} \times \mathbb{Z}$ 에 대하여 덧셈연산과 곱셈연산을

$$(a,b)+(c,d) = (a+c, b+d), \qquad (a,b)(c,d) = (ac, bd)$$

$$(a+c,\ ac \in \mathbb{Z}_{10},\quad b+d,\ bd \in \mathbb{Z})$$

로 정의하면 $\mathbb{Z}_{10} \times \mathbb{Z}$ 는 환이다.

(4) 임의의 원소 $A, B \in M_n(\mathbb{Z}_3)$ 에 대하여 $A=(a_{ij})_{n\times n}$, $B=(b_{ij})_{n\times n}$일 때 덧셈연산과 곱셈연산을

$$A+B=(a_{ij}+b_{ij})_{n\times n}, \qquad AB=(c_{ij})_{n\times n}$$

$$(a_{ij}+b_{ij} \in \mathbb{Z}_3,\quad c_{ij}=\sum_{k=1}^{n} a_{ik}b_{kj} \in \mathbb{Z}_3)$$

로 정의하면 $M_n(\mathbb{Z}_3)$ 는 환이다.

2. 다음에 주어진 집합이 함수의 덧셈연산과 곱셈연산에 대하여 환임을 증명하시오.

$$R=\{f \mid f:[1,5]\to\mathbb{R} \text{ 는 연속함수}\}$$

풀이 우선 임의의 원소 $f,g \in R$에 대하여 $f+g,\ fg \in R$이므로 집합 R은 함수의 덧셈연산과 곱셈연산에 대하여 닫혀있다. 또한 다음 성질을 모두 만족시킨다.

(1) (덧셈에 대한 결합법칙) 임의의 원소 $f,g,h \in R$에 대하여

$$f+(g+h)=(f+g)+h$$

(2) (덧셈에 대한 항등원의 존재) $\psi \in R$를 영함수라고 정의하면 모든 $f \in R$에 대하여

$$f+\psi=f=\psi+f$$

(3) (덧셈에 대한 역원의 존재) 임의의 원소 $f\in R$에 대하여 $-f\in R$이고

$$f+(-f)=\psi=(-f)+f$$

(4) (덧셈에 대한 교환법칙) 임의의 원소 $f,g\in R$에 대하여

$$f+g=g+f$$

(5) (곱셈에 대한 결합법칙) 임의의 원소 $f,g,h\in R$에 대하여

$$f(gh)=(fg)h$$

(6) (배분법칙) 임의의 원소 $f,g,h\in R$에 대하여

$$f(g+h)=fg+fh$$
$$(f+g)h=fh+gh$$

결과적으로 집합 R은 함수의 덧셈연산과 곱셈연산에 대하여 환이다.

3. 다음에 주어진 환이 곱셈에 대한 항등원이 존재하는지 판정하고 이를 증명하시오.

(1) $2\mathbb{Z}$　(2) $\mathbb{Z}_5$　(3) $\mathbb{Z}\times\mathbb{R}$

(4) $\mathbb{Z}_{10}\times\mathbb{Z}$　(5) $M_n(\mathbb{Z}_3)$

풀이 (1) $2\mathbb{Z}$는 곱셈에 대한 항등원을 갖지 않는 환이다.

(증명) $2\mathbb{Z}$가 곱셈에 대한 항등원 $1_{2\mathbb{Z}}$를 갖는 환이면 적당한 정수 n이 존재하여 $1_{2\mathbb{Z}}=2n$이다. 그런데 원소 $2\in2\mathbb{Z}$에 대하여

$$2\times2n\neq2$$

이므로 $1_{2\mathbb{Z}}=2n$은 곱셈에 대한 항등원이 아니다. 따라서 $2\mathbb{Z}$는 곱셈에 대한 항등원을 갖지 않는 환이다.

(2) $\mathbb{Z}_5$는 곱셈에 대한 항등원 $1\in\mathbb{Z}_5$을 갖는 환이다.

(증명) 임의의 원소 $a\in\mathbb{Z}_5$에 대하여

$$a\times1=a=1\times a$$

이므로 원소 $1\in\mathbb{Z}_5$은 곱셈에 대한 항등원이다.

(3) $\mathbb{Z}\times\mathbb{R}$은 곱셈에 대한 항등원 $(1,1)\in\mathbb{Z}\times\mathbb{R}$을 갖는 환이다.

(증명) 임의의 원소 $(a,b)\in\mathbb{Z}\times\mathbb{R}$에 대하여

$$(a,b)\times(1,1)=(a,b)=(1,1)\times(a,b)$$

이므로 원소 $(1,1)\in\mathbb{Z}\times\mathbb{R}$은 곱셈에 대한 항등원이다.

(4) $\mathbb{Z}_{10} \times \mathbb{Z}$ 은 곱셈에 대한 항등원 $(1_{\mathbb{Z}_{10}}, 1_{\mathbb{Z}}) \in \mathbb{Z}_{10} \times \mathbb{Z}$ 를 갖는 환이다.

(증명) 임의의 원소 $(a,b) \in \mathbb{Z}_{10} \times \mathbb{Z}$ 에 대하여

$$(a,b) \times (1_{\mathbb{Z}_{10}}, 1_{\mathbb{Z}}) = (a,b) = (1_{\mathbb{Z}_{10}}, 1_{\mathbb{Z}}) \times (a,b)$$

이므로 원소 $(1_{\mathbb{Z}_{10}}, 1_{\mathbb{Z}}) \in \mathbb{Z}_{10} \times \mathbb{Z}$ 은 곱셈에 대한 항등원이다.

(5) $M_n(\mathbb{Z}_3)$ 는 곱셈에 대한 항등원 $I_3 \in M_n(\mathbb{Z}_3)$를 갖는 환이다.

(증명) 임의의 원소 $A \in M_n(\mathbb{Z}_3)$에 대하여

$$A \times I_3 = A = I_3 \times A$$

이므로 원소 $I_3 \in M_n(\mathbb{Z}_3)$은 곱셈에 대한 항등원이다.

4. 다음에 주어진 환 R에 속하는 원소 a가 단원인지 판정하고 만일 단원이라면 a^{-1}를 구하고 단원이 아니면 이를 증명하시오.

(1) $R = \mathbb{Z}$, $a = 20$
(2) $R = \mathbb{Z}_{15}$, $a = 4$
(3) $R = \mathbb{Z}[\sqrt{7}]$, $a = 1 + \sqrt{7}$
(4) $R = \mathbb{Z}[i]$, $a = 1 + 2i$
(5) $R = \mathbb{R}[x]$, $a = x^5 - x^4 + 3x^2 + 2x - 10$
(6) $R = \{f \mid f : \mathbb{R} \to \mathbb{R}$ 는 연속함수이다$\}$, $a = g$, $g(x) = 2x$ $(x \in \mathbb{R})$

풀이 (1) $a = 20$는 단원이 아니다.

(증명) 만일 a가 단원이라면 적당한 원소 $b \in \mathbb{Z}$가 존재하여 $ab = 1$이다. 즉, $20 \times b = 1$인 정수 b가 존재한다. 그런데 이는 모순이므로 a는 단원이 아니다.

(2) $a = 4$는 단원이다.

(증명) 적당한 원소 $4 \in \mathbb{Z}_{15}$가 존재하여 $4 \times 4 = 1$이므로 $a = 4$는 단원이다.

(3) $a = 1 + \sqrt{7}$은 단원이 아니다.

(증명) 만일 $a = 1 + \sqrt{7}$이 단원이라면 적당한 원소 $n + m\sqrt{7} \in \mathbb{Z}[\sqrt{7}]$이 존재하여

$$(1 + \sqrt{7})(n + m\sqrt{7}) = 1$$

이다. 따라서

$$n + 7m = 1, \qquad n + m = 0$$

이므로

$$n = -\frac{1}{6}, \qquad m = \frac{1}{6}$$

이다. 즉, $n, m \notin \mathbb{Z}$ 이므로 모순을 얻는다.

그러므로 원소 $1+\sqrt{7}$의 곱셈에 대한 역원은 존재하지 않으므로 $1+\sqrt{7}$은 단원이 아니다.

(4) $a = 1+2i$는 단원이 아니다.

(증명) 만일 $a = 1+2i$가 단원이라면 적당한 원소 $n+mi \in \mathbb{Z}[i]$가 존재하여

$$(1+2i)(n+mi) = 1$$

이다. 따라서

$$n-2m = 1, \qquad 2n+m = 0$$

이므로

$$n = \frac{1}{5}, \qquad m = -\frac{2}{5}$$

이다. 그런데 $n+mi \in \mathbb{Z}[i]$이므로 이는 모순이다. 따라서 원소 $1+2i$의 곱셈에 대한 역원은 존재하지 않으므로 $1+2i$는 단원이 아니다.

(5) $a = x^5 - x^4 + 3x^2 + 2x - 10$는 단원이 아니다.

(증명) 만일 $a = x^5 - x^4 + 3x^2 + 2x - 10$가 단원이라면 적당한 원소 $g(x) \in \mathbb{R}[x]$가 존재하여

$$ag(x) = 1$$

이다. 그런데 $\deg a = 5$이므로 $\deg ag(x) \geq 5$이다. 그런데 $\deg 1 = 0$이므로 모순을 얻는다. 따라서 원소 a의 곱셈에 대한 역원은 존재하지 않으므로 a는 단원이 아니다.

(6) $a = g$는 단원이 아니다.

(증명) 만일 $a = g$가 단원이라면 적당한 함수 $h \in R$가 존재하여 $(gh)(x) = 1$ ($x \in \mathbb{R}$)이다. 따라서 $g(x)h(x) = 1$이므로 $2xh(x) = 1$이다. 그런데 $x = 0$이면 $2 \times 0 \times h(0) = 1$이다. 이는 모순이므로 $a = g$는 단원이 아니다.

5. 다음에 주어진 환 R에 대하여 집합 S가 R의 부분환이 되는지 판정하고 이를 증명하시오.

(1) $R = \mathbb{C}, \quad S = 12\mathbb{Z}$ (2) $R = \mathbb{R}, \quad S = \mathbb{Z}_{15}$

(3) $R = \mathbb{Z} \times \mathbb{Z}, \quad S = 5\mathbb{Z} \times \mathbb{Z}$ (4) $R = \mathbb{Z}[x], \quad S = \mathbb{R}[x]$

풀이 (1) S는 R의 부분환이다.

(증명) 집합 S가 R의 부분집합임은 명백하다.

임의의 원소 $a, b \in S$에 대해서 적당한 원소 $n, m \in \mathbb{Z}$가 존재하여

$$a = 12n, \qquad b = 12m$$

이다. 따라서

$$a - b = 12(n - m) \in 12\mathbb{Z}, \qquad ab = 12(12nm) \in 12\mathbb{Z}$$

이므로

$$a - b \in S, \qquad ab \in S$$

이다. 그러므로 S는 R의 부분환이다.

(2) S는 R의 부분환이 아니다.

(증명) 집합 S내에서 정의된 연산은 15를 법으로 하는 연산이므로 환 R에서 주어진 연산과 같지 않다. 따라서 S는 R의 부분환이 아니다.

(3) S는 R의 부분환이다.

(증명) 집합 S가 R의 부분집합임은 명백하다.

임의의 원소 $a, b \in S$에 대하여

$$a = (5m, n), \qquad b = (5s, t)$$

인 정수 m, n, s, t가 존재한다. 따라서

$$a - b = (5m - 5s, n - t) \in 5\mathbb{Z} \times \mathbb{Z}$$

$$ab = (25ms, nt) \in 5\mathbb{Z} \times \mathbb{Z}$$

이므로

$$a - b \in S, \qquad ab \in S$$

이다. 그러므로 S는 R의 부분환이다.

(4) S는 R의 부분환이 아니다.

(증명) 집합 S는 환 R의 부분집합이 아니므로 S는 R의 부분환이 아니다.

제2장 정역

1. 다음에 주어진 환 R에 대하여 원소 $a \in R$이 영인자가 되는지 판정하고 이를 증명하시오.

(1) $R = 5\mathbb{Z}$, $a = 10$ (2) $R = \mathbb{Z}_{20}$, $a = 10$

(3) $R = \mathbb{Q}[x]$, $a = 10$ (4) $R = \mathbb{Q} \times \mathbb{R}$, $a = (10, 0)$

(5) $R = \{f \mid f : \mathbb{R} \to \mathbb{R}$ 는 상수함수이다$\}$, $a = g$, $g(x) = 10$ $(x \in \mathbb{R})$

풀이 (1) $a = 10$은 영인자가 아니다.

(증명) 만일 $a = 10$가 영인자라고 가정하면 적당한 원소 $n \neq 0 \in R$이 존재하여 $10 \times n = 0$이다. 그런데 이는 모순이므로 원소 $a = 10$은 영인자가 아니다.

(2) $a = 10$은 영인자이다.

(증명) 적당한 원소 $2 \neq 0 \in \mathbb{Z}_{20}$가 존재하여 $10 \times 2 = 0$이다. 따라서 원소 $a = 10$은 영인자이다.

(3) $a = 10$은 영인자가 아니다.

(증명) 만일 $a = 10$가 영인자라고 가정하면 적당한 원소 $f(x) \neq 0 \in R$이 존재하여 $10 \times f(x) = 0$이다. 그런데 이는 모순이므로 원소 $a = 10$은 영인자가 아니다.

(4) $a = (10, 0)$은 영인자이다.

(증명) 적당한 원소 $(0, 1) \neq (0, 0) \in \mathbb{Q} \times \mathbb{R}$ 이 존재하여 $(10, 0) \times (0, 1) = (0, 0)$이다. 따라서 원소 $a = (10, 0)$은 영인자이다.

(5) $a = g$는 영인자가 아니다.

(증명) 만일 $a = g$가 영인자라고 가정하면 영함수가 아닌 적당한 원소 $h \in R$이 존재하여 gh는 영함수이다. 즉, 모든 $x \in \mathbb{R}$ 에 대하여 $g(x)h(x) = (gh)(x) = 0$이다. 따라서 $g(x) = 0$ 또는 $h(x) = 0$이다. 그런데 g와 h는 모두 상수함수이므로 g 또는 h는 영함수이다. 그런데 이는 모순이므로 원소 $a = g$는 영인자가 아니다.

2. 다음에 주어진 환 R에 속하는 원소 a가 멱영원인지 판정하고 이를 증명하시오.

(1) $R = \mathbb{Q}$, $a = 75$ (2) $R = \mathbb{Z}_{12}$, $a = 6$

(3) $R = \mathbb{Z}[x]$, $a = x^2 + 1$ (4) $R = M_{2\times 2}(\mathbb{R})$, $a = \begin{pmatrix} 0 & 1 \\ 0 & 1 \end{pmatrix}$

(5) $R = \mathbb{Q} \times \mathbb{R}$, $a = (1, 2)$ (6) $R = \mathbb{Z}_4 \times \mathbb{Z}_8$, $a = (2, 2)$

(7) $R = \{f \mid f : \mathbb{R} \to \mathbb{R}$ 는 연속함수이다$\}$, $a = g$, $g(x) = 2x$ $(x \in \mathbb{R})$

풀이 (1) $a = 75$는 멱영원이 아니다.

(증명) 임의의 자연수 n에 대하여 $a^n = 75^n \neq 0$이다. 그러므로 원소 $a = 75$는 멱영원이 아니다.

(2) $a = 6$은 멱영원이다.

(증명) 적당한 자연수 $n = 2$가 존재하여 $a^n = 6^2 = 0$이다. 따라서 원소 $a = 6$은 멱영원이다.

(3) $a = x^2 + 1$은 멱영원이 아니다.

(증명) 임의의 자연수 n에 대하여 $a^n = (x^2 + 1)^n \neq 0$이다. 따라서 원소 $a = x^2 + 1$은 멱영원이 아니다.

(4) $a = \begin{pmatrix} 0 & 1 \\ 0 & 1 \end{pmatrix}$은 멱영원이 아니다.

(증명) 임의의 자연수 n에 대하여 $a^n = \begin{pmatrix} 0 & 1 \\ 0 & 1 \end{pmatrix} \neq O$이다. 따라서 원소 $a = \begin{pmatrix} 0 & 1 \\ 0 & 1 \end{pmatrix}$은 멱영원이 아니다.

(5) $a = (1, 2)$는 멱영원이 아니다.

(증명) 임의의 자연수 n에 대하여 $a^n = (1,2)^n = (1,2^n) \neq (0,0)$이다. 따라서 원소 $a = (1,2)$는 멱영원이 아니다.

(6) $a = (2, 2)$는 멱영원이다.

(증명) 적당한 자연수 $n = 3$이 존재하여 $a^n = (2,2)^3 = (0,0)$이다. 따라서 원소 $a = (2,2)$는 멱영원이다.

(7) $a = g$는 멱영원이 아니다.

(증명) 임의의 자연수 n에 대하여 $a^n = g^n$이고 원소 $1 \in \mathbb{R}$를 택하면

$$\{g(1)\}^n = (2 \times 1)^n = 2^n \neq 0$$

이다. 따라서 $a^n = g^n$은 영함수가 아니다. 즉, 원소 $a = g$는 멱영원이 아니다.

3. 다음에 주어진 환 R에 속하는 원소 a가 멱등원인지 판정하고 이를 증명하시오.

(1) $R=\mathbb{Q}$, $a=12$ (2) $R=\mathbb{Z}_{10}$, $a=6$

(3) $R=\mathbb{Z}[x]$, $a=2x+1$ (4) $R=M_{2\times 2}(\mathbb{Z})$, $a=\begin{pmatrix} 0 & 1 \\ 0 & 1 \end{pmatrix}$

(5) $R=\mathbb{Q}\times\mathbb{Z}_6$, $a=(1,3)$ (6) $R=\mathbb{Z}_4\times\mathbb{Z}_8$, $a=(3,1_{\mathbb{Z}_8})$

(7) $R=\{f\mid f:\mathbb{R}\to\mathbb{R}$ 는 연속함수이다$\}$, $a=g$, $g(x)=x+1$ $(x\in\mathbb{R})$

풀이 (1) $a=12$는 멱등원이 아니다.

(증명) $a^2=12^2\neq 12=a$이므로 $a^2\neq a$이다. 따라서 $a=12$는 멱등원이 아니다.

(2) $a=6$은 멱등원이다.

(증명) $a^2=6^2=6=a$이므로 $a^2=a$이다. 따라서 $a=6$은 멱등원이다.

(3) $a=2x+1$은 멱등원이 아니다.

(증명) $a^2=(2x+1)^2\neq 2x+1=a$이므로 $a^2\neq a$이다. 따라서 $a=2x+1$은 멱등원이 아니다.

(4) $a=\begin{pmatrix} 0 & 1 \\ 0 & 1 \end{pmatrix}$은 멱등원이다.

(증명) $a^2=\begin{pmatrix} 0 & 1 \\ 0 & 1 \end{pmatrix}=a$이므로 $a^2=a$이다. 따라서 $a=\begin{pmatrix} 0 & 1 \\ 0 & 1 \end{pmatrix}$은 멱등원이다.

(5) $a=(1,3)$는 멱등원이다.

(증명) $a^2=(1,3)^2=(1,3^2)=(1,3)=a$이므로 $a^2=a$이다. 따라서 $a=(1,3)$는 멱등원이다.

(6) $a=(3,1_{\mathbb{Z}_8})$은 멱등원이 아니다.

(증명) $a^2=(3,1_{\mathbb{Z}_8})^2=(3^2,1_{\mathbb{Z}_8}^2)=(1_{\mathbb{Z}_4},1_{\mathbb{Z}_8})\neq a$이다. 따라서 $a=(3,1_{\mathbb{Z}_8})$은 멱등원이 아니다.

(7) $a=g$는 멱등원이 아니다.

(증명) $a^2=g^2$이고 임의의 $x\in\mathbb{R}$ 에 대하여

$$\{g(x)\}^2=(x+1)^2=x^2+2x+1\neq x+1=g(x)$$

이므로 $a^2\neq a$이다. 따라서 $a=g$는 멱등원이 아니다.

4. 다음에 주어진 환 R에 대하여 $char(R)$을 구하시오.

(1) $R = \mathbb{C}$ (2) $R = \mathbb{Z}_{10}$ (3) $R = \mathbb{Z}[x]$

(4) $R = M_{2\times 2}(\mathbb{Z})$ (5) $R = \mathbb{Q} \times \mathbb{Z}_6$ (6) $R = \mathbb{Z}_4 \times \mathbb{Z}_8$

풀이 (1) 환 $R = \mathbb{C}$ 에 속하는 원소 1을 택하면 임의의 자연수 n에 대하여 $n \times 1 \neq 0$이다. 따라서 $char(R) = 0$이다.

(2) 환 $\mathbb{Z}_{10}$에 속하는 임의의 원소 a에 대하여 $10a = 0$이다.

또한 $n < 10$인 자연수 n에 대하여 적당한 원소 $1 \in \mathbb{Z}_{10}$을 택하면 $n \times 1 \neq 0$ 이므로

$$10 = \min\{n \in \mathbb{N} \mid \text{모든 원소 } a \in \mathbb{Z}_{10}\text{에 대하여 } na = 0\}$$

이다. 따라서 $char(\mathbb{Z}_{10}) = 10$이다.

(3) 환 $R = \mathbb{Z}[x]$에 속하는 원소 x를 택하면 임의의 자연수 n에 대하여 $nx \neq 0$이다. 따라서 $char(R) = 0$이다.

(4) 환 $R = M_{2\times 2}(\mathbb{Z})$에 속하는 원소 $a = I_2$를 택하면 임의의 자연수 n에 대하여 $na = nI_2 \neq O$이다. 따라서 $char(R) = 0$이다.

(5) 환 $R = \mathbb{Q} \times \mathbb{Z}_6$에 속하는 원소 $a = (1,2)$를 택하면 임의의 자연수 n에 대하여 $na = n(1,2) = (n,2n) \neq (0_{\mathbb{Q}}, 0_{\mathbb{Z}_6})$이다. 따라서 $char(R) = 0$이다.

(6) 환 $R = \mathbb{Z}_4 \times \mathbb{Z}_8$에 속하는 임의의 원소 (a,b)에 대하여

$8(a,b) = (8a, 8b) = (0_{\mathbb{Z}_4}, 0_{\mathbb{Z}_8})$이다.

또한 $n < 8$인 자연수 n에 대하여 적당한 원소 $(1_{\mathbb{Z}_4}, 1_{\mathbb{Z}_8}) \in R$을 택하면

$n(1_{\mathbb{Z}_4}, 1_{\mathbb{Z}_8}) \neq (0_{\mathbb{Z}_4}, 0_{\mathbb{Z}_8})$이므로

$$8 = \min\{n \in \mathbb{N} \mid \text{모든 원소 } a \in \mathbb{Z}_4 \times \mathbb{Z}_8\text{에 대하여 } na = (0_{\mathbb{Z}_4}, 0_{\mathbb{Z}_8})\}$$

이다. 따라서 $char(R) = 8$이다.

5. 환 R과 R의 부분환 S에 대하여 다음 명제가 참 또는 거짓인지 판정하고 이를 증명하시오.

"$char(S) = n \neq 0$이면 $char(R) = n$이다."

풀이 거짓.

(반례) 환 $R = \mathbb{Q} \times \mathbb{Z}_6$에 대하여 부분집합 $S = \{0\} \times \mathbb{Z}_6$는 R의 부분환이다.

또한 $char(R) = 0$이고 $char(S) = 6 \neq 0$이다.

따라서 주어진 명제는 거짓명제이다.

제3장 아이디얼

1. 다음에 주어진 환 R의 부분집합 S가 R의 아이디얼인지 판정하고 이를 증명하시오.

(1) $R=\mathbb{R}$, $S=\mathbb{Q}$ (2) $R=\mathbb{Z}_{20}$, $S=\{0,10\}$

(3) $R=\mathbb{Q}[x]$, $S=\mathbb{Z}[x]$ (4) $R=\mathbb{Z}\times\mathbb{Z}$, $S=10\mathbb{Z}\times 7\mathbb{Z}$

(5) $R=\{f\mid f:\mathbb{R}\to\mathbb{R}$ 는 연속함수이다$\}$, $S=\{f\in\mathbb{R}\mid f$는 상수함수이다$\}$

풀이 (1) S는 R의 아이디얼이 아니다.

(증명) 임의의 원소 $a,b\in S$에 대하여

$$a-b\in S$$

이다.

그런데 원소 $\sqrt{2}\in R$과 $3\in S$를 택하면

$$\sqrt{2}\times 3\notin S$$

이므로 S는 R의 아이디얼이 아니다.

(2) S는 R의 아이디얼이다.

(증명) 임의의 원소 $a,b\in S$에 대하여

$$a-b\in S$$

이다. 또한 임의의 원소 $r\in R$에 대하여

$$r\times 0=0=0\times r,$$

$$r\times 10=0=10\times r \quad \text{또는} \quad r\times 10=10=10\times r$$

이므로 임의의 원소 $r\in R$과 $a\in S$에 대하여

$$ra=ar\in S$$

이다. 그러므로 S는 R의 아이디얼이다.

(3) S는 R의 아이디얼이 아니다.

(증명) 임의의 원소 $f(x),g(x)\in S$에 대하여

$$f(x)-g(x)\in S$$

이다.

그런데 원소 $\frac{1}{2}x\in R$과 $x^2\in S$를 택하면

$$\frac{1}{2}x\times x^2=\frac{1}{2}x^3\notin S$$

이다. 따라서 S는 R의 아이디얼이 아니다.

(4) S는 R의 아이디얼이다.

(증명) 임의의 원소 $a,b \in S$를 택하면 적당한 원소 $s,t,u,v \in \mathbb{Z}$가 존재하여

$$a = (10s, 7t), \qquad b = (10u, 7v)$$

이다. 따라서

$$a - b = (10s - 10u,\, 7t - 7v) \in S$$

이다. 또한 임의의 원소 $r \in R$을 택하면 적당한 원소 $m,n \in \mathbb{Z}$가 존재하여

$$r = (m, n)$$

이다. 그런데

$$ra = (m,n)(10s,7t) = (10ms, 7nt)$$

이므로

$$ra = ar \in S$$

이다. 따라서 S는 R의 아이디얼이다.

(5) S는 R의 아이디얼이 아니다.

(증명) 임의의 원소 $f, g \in S$에 대하여

$$f - g \in S$$

이다.

한편 f와 g를 다음과 같이 정의하면 $f \in R$, $g \in S$이다.

$$f(x) = x, \qquad x \in \mathbb{R}$$
$$g(x) = 1, \qquad x \in \mathbb{R}$$

또한

$$f(x)g(x) = f(x), \qquad x \in \mathbb{R}$$

이므로 $fg = f$이다. 그런데 $f \notin S$이므로

$$fg \notin S$$

이다. 따라서 S는 R의 아이디얼이 아니다.

2. 다음에 주어진 단위원을 포함하는 가환환 R에 속하는 원소 $a \in R$로 생성된 주아이디얼 $\langle a \rangle$를 구하시오.

(1) $R = \mathbb{R}$, $a = \sqrt{2}$ (2) $R = \mathbb{Z}_{20}$, $a = 10$

(3) $R = \mathbb{Q}[x]$, $a = 7$ (4) $R = \mathbb{Z} \times \mathbb{Z}$, $a = (1,0)$

(5) $R = \{f \mid f : \mathbb{R} \to \mathbb{R}$ 는 연속함수이다$\}$, $a = g$, $g(x) = 5$ $(x \in \mathbb{R})$

풀이 (1) $\langle a \rangle = R$이 성립함을 다음과 같이 증명할 수 있다.
$\sqrt{2} \in \langle a \rangle$이고 $\frac{1}{\sqrt{2}} \in R$이므로 $\frac{1}{\sqrt{2}} \times \sqrt{2} = 1 \in \langle a \rangle$이다. 따라서 $\langle a \rangle$는 단위원을 포함하는 아이디얼이므로 원소 a에 의하여 생성된 주아이디얼은 $\langle a \rangle = R$이다.

(2) 임의의 원소 $r \in R$에 대하여

$$r \times 10 = 0 \quad \text{또는} \quad r \times 10 = 10$$

이다. 따라서 원소 $10 \in \mathbb{Z}_{20}$에 의하여 생성된 주아이디얼은

$$\langle 10 \rangle = \{0, 10\}$$

이다.

(3) 원소 $\frac{1}{7} \in R$을 택하면 $\frac{1}{7} \times 7 = 1 \in \langle a \rangle$이다. 따라서 $\langle a \rangle$는 단위원을 포함하는 아이디얼이므로 원소 a에 의하여 생성된 주아이디얼은 $\langle a \rangle = R$이다.

(4) 원소 $a = (1,0)$에 의하여 생성된 주아이디얼은

$$\begin{aligned}\langle a \rangle &= \langle (1,0) \rangle = \{r(1,0) \mid r \in \mathbb{Z} \times \mathbb{Z}\} = \{(s,t)(1,0) \mid (s,t) \in \mathbb{Z} \times \mathbb{Z}\} \\ &= \{(s,0) \mid s \in \mathbb{Z}\} = \mathbb{Z} \times \{0\}\end{aligned}$$

이다.

(5) 상수함수 $h : \mathbb{R} \to \mathbb{R}$, $\quad h(x) = \frac{1}{5} \quad (x \in \mathbb{R})$는 가환환 R에 속하는 원소이고

$$ha(x) = h(x)g(x) = \frac{1}{5} \times 5 = 1 \qquad (x \in \mathbb{R})$$

이므로 ha는 단위원이다.
따라서 $\langle a \rangle$는 단위원을 포함하는 아이디얼이므로 원소 a에 의하여 생성된 주아이디얼은 $\langle a \rangle = R$이다.

3. 다음에 주어진 단위원을 포함하는 가환환 R에 속하는 원소들에 의하여 생성된 아이디얼을 구하시오.

(1) $R = \mathbb{R}$, $\quad 2, \sqrt{3}$ $\qquad$ (2) $R = \mathbb{Z}_{20}$, $\quad 2, 10$

풀이 (1) 두 원소 $2, \sqrt{3}$에 의하여 생성된 아이디얼은

$$\langle 2, \sqrt{3} \rangle = \{r \times 2 + s \times \sqrt{3} \mid r, s \in \mathbb{R}\} = \mathbb{R}$$

이다.

(2) 두 원소 $2, 10$에 의하여 생성된 아이디얼은

$$\langle 2, 10 \rangle = \{m \times 2 + n \times 10 \mid m, n \in \mathbb{Z}_{20}\} = \{0,2,4,6,8,10,12,14,16,18\}$$

이다.

4. 다음에 주어진 가환환 R의 아이디얼 P가 R의 소아이디얼인지 판정하고 이를 증명하시오.

(1) $R = \mathbb{Z}$, $P = \langle 11 \rangle$ (2) $R = \mathbb{Z}$, $P = \langle 12 \rangle$

(3) $R = \mathbb{Z}_3[x]$, $P = \langle x^3 + 1 \rangle$ (4) $R = \mathbb{Z}[x]$, $P = \langle x + 1 \rangle$

풀이 (1) P는 R의 소아이디얼이다.

(증명) (i) 명백히 $1 \in \mathbb{Z}$이다.

만일 $1 \in P$이면 $1 = 11n$을 만족시키는 정수 n이 존재한다. 그런데 이는 모순이므로 $1 \notin P$이다. 따라서 $1 \in \mathbb{Z} - P$이므로 $P \neq \mathbb{Z}$이다.

(ii) 임의의 두 원소 $a, b \in \mathbb{Z}$에 대하여 $ab \in P$라고 가정하자.

그러면 적당한 정수 m이 존재하여 $ab = 11m$이므로 $11 \mid ab$이다. 따라서 $11 \mid a$ 또는 $11 \mid b$이다. 그러므로

$$a = 11s \quad \text{또는} \quad b = 11t$$

를 만족시키는 정수 s, t가 존재한다. 즉,

$$a \in P \quad \text{또는} \quad b \in P$$

이다.

결과적으로 $P = \langle 11 \rangle$는 성질 (i)과 (ii)를 모두 만족시키므로 $P = \langle 11 \rangle$는 $\mathbb{Z}$의 소아이디얼이다.

(2) P는 R의 소아이디얼이 아니다.

(증명) 가환환 $\mathbb{Z}$에 속하는 두 원소 2와 6에 대하여 $2 \times 6 \in P$이다.

만일 $2 \in P$라고 가정하면 적당한 정수 n이 존재하여 $2 = 12 \times n$이다. 그런데 이는 모순이므로 $2 \notin P$이다.

또한 만일 $6 \in P$라고 가정하면 적당한 정수 m이 존재하여 $6 = 12 \times m$이다. 이는 모순이므로 $6 \notin P$이다.

결과적으로 $2 \times 6 \in P$이지만 $2 \notin P$이고 $6 \notin P$이므로 $P = \langle 12 \rangle$는 $\mathbb{Z}$의 소아이디얼이 아니다.

(3) P는 R의 소아이디얼이 아니다.

(증명) 가환환 $\mathbb{Z}_3[x]$에 속하는 두 원소 $x+1$와 $(x+1)^2$에 대하여

$$(x+1)(x+1)^2 = x^3+1 \in P$$

이다. 만일 $x+1 \in P$이라고 가정하면

$$x+1 = (x^3+1)f(x)$$

를 만족시키는 다항식 $f(x) \in \mathbb{Z}_3[x]$가 존재한다. 그런데

$$\deg(x+1) = 1, \qquad \deg(x^3+1)f(x) \ge 3$$

이므로 모순을 얻는다. 따라서 $x+1 \notin P$이다.

만일 $(x+1)^2 \in P$이라고 가정하면

$$(x+1)^2 = (x^3+1)g(x)$$

를 만족시키는 다항식 $g(x) \in \mathbb{Z}_3[x]$가 존재한다. 그런데

$$\deg(x+1)^2 = 2, \qquad \deg(x^3+1)g(x) \ge 3$$

이므로 모순을 얻는다. 따라서 $(x+1)^2 \notin P$이다.

결과적으로 $P = \langle x^3+1 \rangle$는 $\mathbb{Z}_3[x]$의 소아이디얼이 아님을 알 수 있다.

(4) P는 R의 소아이디얼이다.

(증명) (i) 명백히 $1 \in \mathbb{Z}[x]$이다.

만일 $1 \in P$이면 $1 = (x+1)f(x)$를 만족시키는 원소 $f(x) \in \mathbb{Z}[x]$가 존재한다. 따라서

$$\deg 1 = \deg\{(x+1)f(x)\} \ge 1$$

이다. 그런데 이는 모순이므로 $1 \notin P$이다. 따라서 $1 \in \mathbb{Z}[x] - P$이므로 $P \neq \mathbb{Z}[x]$이다.

(ii) 임의의 두 원소 $f(x), g(x) \in \mathbb{Z}[x]$에 대하여 $f(x)g(x) \in P$라고 가정하자. 그러면

$f(x)g(x) = (x+1)h(x)$를 만족시키는 원소 $h(x) \in \mathbb{Z}[x]$가 존재한다.

따라서 $f(-1)g(-1) = 0$이므로

$$f(-1) = 0 \quad \text{또는} \quad g(-1) = 0$$

이다. 그러므로

$$f(x) = (x+1)f_1(x) \quad \text{또는} \quad g(x) = (x+1)g_1(x)$$

를 만족시키는 원소 $f_1(x) \in \mathbb{Z}[x]$ 또는 $f_2(x) \in \mathbb{Z}[x]$가 존재한다. 즉,

$$f(x) \in P \quad \text{또는} \quad g(x) \in P$$

이다.

결과적으로 $P = \langle x+1 \rangle$는 성질 (i)과 (ii)를 모두 만족시키므로 $P = \langle x+1 \rangle$

는 $R=\mathbb{Z}[x]$의 소아이디얼이다.

5. 다음에 주어진 가환환 R의 아이디얼 M이 R의 극대아이디얼인지 판정하고 이를 증명하시오.

(1) $R=\mathbb{Z}$, $M=\langle 17\rangle$ (2) $R=\mathbb{Z}$, $M=\langle 30\rangle$

(3) $R=\mathbb{Z}_4$, $M=\{0,2\}$ (4) $R=\mathbb{Z}[x]$, $M=\langle x^2+2x+1\rangle$

풀이 (1) M은 R의 극대아이디얼이다.

(증명) (i) 명백히 $1\in\mathbb{Z}$이다. 만일 $1\in M$이라고 가정하면 $1=17n$을 만족시키는 정수 n이 존재한다. 그런데 이는 모순이므로 $1\notin M$이다. 따라서 $M\neq\mathbb{Z}$이다.

(ii) 환 $\mathbb{Z}$의 아이디얼 A에 대하여 $M\subset A\subset\mathbb{Z}$라고 가정하자.
그러면 적당한 정수 m이 존재하여 $A=\langle m\rangle$이므로 $\langle 17\rangle\subset\langle m\rangle$이다. 따라서 $17\in\langle m\rangle$이므로 $17=mt$인 정수 t가 존재한다. 즉, $m\mid 17$이므로 $m=1$ 또는 $m=17$이다.
만일 $m=1$이면

$$A=\langle 1\rangle=\mathbb{Z}$$

이고 $m=17$이면

$$A=\langle 17\rangle=M$$

이다.

결과적으로 성질 (i)과 (ii)를 모두 만족시키므로 $M=\langle 17\rangle$은 $R=\mathbb{Z}$의 극대아이디얼이다.

(2) M은 R의 극대아이디얼이 아니다.

(증명) $A=10\mathbb{Z}$는 $\mathbb{Z}$의 아이디얼이고

$$B\subset A\subset\mathbb{Z}$$

이다. 한편, $10\in A$이고 $10\notin B$이므로

$$A\neq B$$

이다. 또한 $1\in\mathbb{Z}$이고 $1\notin A$이므로

$$A\neq\mathbb{Z}$$

이다.

결과적으로 $M=\langle 30\rangle$은 $R=\mathbb{Z}$의 극대아이디얼이 아니다.

(3) M은 R의 극대아이디얼이다.

(증명) (i) $1 \in \mathbb{Z}_4$이고 $1 \notin M$이므로 $M \neq \mathbb{Z}_4$이다.

(ii) A가 $M \subset A \subset \mathbb{Z}_4$를 만족시키는 $\mathbb{Z}_4$의 아이디얼이라고 가정하자.

만일 $M \neq A$이라면

$$1 \in A \quad \text{또는} \quad 3 \in A$$

이다. 각각의 경우를 살펴보면 다음과 같다.

만일 $1 \in A$이면 $A = \mathbb{Z}_4$이다.

만일 $3 \in A$이면 $1 = 2 + 3 \in A$이므로 $A = \mathbb{Z}_4$이다.

따라서 모든 경우에 $A = \mathbb{Z}_4$이다.

결과적으로 성질 (i)과 (ii)를 모두 만족시키므로 $M = \{0, 2\}$는 $R = \mathbb{Z}_4$의 극대아이디얼이다.

(4) M은 R의 극대아이디얼이 아니다.

(증명) 집합 $A = \langle x+1 \rangle$는 $\mathbb{Z}[x]$의 아이디얼이고 $x^2 + 2x + 1 \in A$이므로

$$M \subset A \subset \mathbb{Z}[x]$$

이다. 그런데 $x + 1 \in A$이고 $x + 1 \notin M$이므로

$$A \neq M$$

이다. 한편, $1 \in \mathbb{Z}[x]$이고 $1 \notin A$이므로

$$A \neq \mathbb{Z}[x]$$

이다.

그러므로 $M = \langle x^2 + 2x + 1 \rangle$은 $R = \mathbb{Z}[x]$의 극대아이디얼이 아니다.

6. 다음 명제의 참 또는 거짓을 판정하고 이를 증명하시오.

"M_1과 M_2가 가환환 R의 극대아이디얼이면 $M_1 \cup M_2$는 R의 극대아이디얼이다."

풀이 거짓.

(반례) 가환환 $R = \mathbb{Z}$의 아이디얼 $M_1 = 2\mathbb{Z}$와 $M_2 = 3\mathbb{Z}$는 모두 $\mathbb{Z}$의 극대아이디얼이다. 그런데 $M_1 \cup M_2 = 2\mathbb{Z} \cup 3\mathbb{Z}$는 덧셈연산에 대하여 닫혀있지 않으므로 $\mathbb{Z}$의 아이디얼이 아니다. 따라서 $M_1 \cup M_2 = 2\mathbb{Z} \cup 3\mathbb{Z}$는 $\mathbb{Z}$의 극대아이디얼이 아니다.

7. 환 R에 대하여 다음 명제를 수학적 귀납법을 이용하여 증명하시오.

"모든 $i=1,2,\cdots,n$에 대하여 S_i가 R의 아이디얼이면 $S_1+S_2+\cdots+S_n$는 R의 아이디얼이다."

풀이 자연수 n에 대한 수학적 귀납법을 이용해서 다음과 같이 증명할 수 있다.

(i) $n=1$이면 S_1은 R의 아이디얼이다.

(ii) $n=k$일 때 $S_1+S_2+\cdots+S_k$는 R의 아이디얼이라고 가정하자.

(iii) $n=k+1$인 경우에

$$S_1+S_2+\cdots+S_{k+1}=(S_1+S_2+\cdots+S_k)+S_{k+1}$$

이고 $S_1+S_2+\cdots+S_k$와 S_{k+1}가 R의 아이디얼이므로

$$(S_1+S_2+\cdots+S_k)+S_{k+1}$$

는 R의 아이디얼이다. 따라서 $S_1+S_2+\cdots+S_{k+1}$는 R의 아이디얼이다.

결과적으로 주어진 명제가 성립한다.

8. 소수 p에 대하여 $P=\langle p\rangle$가 $\mathbb{Z}$의 소아이디얼임을 증명하시오.

풀이 (1) $1\in P$이라 가정하면 $1=pn$을 만족시키는 정수 n이 존재한다. 그런데 이는 모순이므로 $1\notin P$이다. 따라서 $P\neq\mathbb{Z}$이다.

(2) $ab\in P$이라 가정하면 적당한 정수 m이 존재하여 $ab=pm$이다. 따라서 $p|ab$이므로 $p|a$ 또는 $p|b$이다. 그러므로 $a=ps$ 또는 $b=pt$인 정수 s,t가 존재한다. 즉, $a\in P$ 또는 $b\in P$이다.

결과적으로 성질 (1)과 (2)를 모두 만족시키므로 $P=\langle p\rangle$는 $\mathbb{Z}$의 소아이디얼이다.

9. 소수 p에 대하여 $M=\langle p\rangle$가 $\mathbb{Z}$의 극대아이디얼임을 증명하시오.

풀이 (1) $1\in M$이면 $1=pn$을 만족시키는 정수 n이 존재한다. 그런데 이는 모순이므로 $1\notin M$이다. 그런데 $1\in\mathbb{Z}$이므로 $P\neq\mathbb{Z}$이다.

(2) 환 $\mathbb{Z}$의 아이디얼 A에 대하여 $M\subset A\subset\mathbb{Z}$이라 가정하자. 그러면 적당한 정수 n이 존재하여 $A=\langle n\rangle$이므로 $p\in\langle n\rangle$이다. 따라서 $p=nt$인 정수 t가 존재하므로 $n|p$이다. 즉, $n=1$ 또는 $n=p$이다.

만일 $n=1$이면

$$A = \langle 1 \rangle = \mathbb{Z}$$

이고 $n = p$이면

$$A = \langle p \rangle = M$$

이다.

결과적으로 성질 (1)과 (2)를 만족시키므로 $M = \langle p \rangle$는 $\mathbb{Z}$의 극대아이디얼이다.

제4장 잉여환

1. 다음에 주어진 환 R과 아이디얼 S에 대하여 잉여환 R/S가 정역인지 판정하고 이를 증명하시오.

(1) $R=\mathbb{Z}$, $S=10\mathbb{Z}$ (2) $R=\mathbb{Z}$, $S=11\mathbb{Z}$

(3) $R=\mathbb{Z}_{10}$, $S=\{0,5\}$ (4) $R=\mathbb{Z}\times\mathbb{R}$, $A=2\mathbb{Z}\times\mathbb{R}$

(5) $R=\mathbb{Z}[x]$, $S=\langle x+1\rangle$

풀이 (1) R/S는 정역이 아니다.

(증명) 환 $R=\mathbb{Z}$는 단위원 1을 갖는 가환환이고 $S=10\mathbb{Z}$는 환 R의 소아이디얼이 아니다. 따라서 잉여환 $R/S=\mathbb{Z}/10\mathbb{Z}$는 정역이 아니다.

(2) R/S는 정역이다.

(증명) 환 $R=\mathbb{Z}$는 단위원 1을 갖는 가환환이고 $S=11\mathbb{Z}$는 환 R의 소아이디얼이다.

따라서 잉여환 $R/S=\mathbb{Z}/11\mathbb{Z}$는 정역이다.

(3) R/S는 정역이다.

(증명) 환 $R=\mathbb{Z}_{10}$는 단위원 1을 갖는 가환환이고 $S=\{0,5\}$는 환 R의 소아이디얼이다. 따라서 잉여환 $R/S=\mathbb{Z}_{10}/\{0,5\}$는 정역이다.

(4) R/S는 정역이다.

(증명) 환 $R=\mathbb{Z}\times\mathbb{R}$은 단위원 $(1,1)$을 갖는 가환환이고 $S=2\mathbb{Z}\times\mathbb{R}$는 환 R의 소아이디얼이다. 따라서 잉여환 $R/S=(\mathbb{Z}\times\mathbb{R})/(2\mathbb{Z}\times\mathbb{R})$는 정역이다.

(5) R/S는 정역이다.

(증명) 환 $R=\mathbb{Z}[x]$는 단위원 1을 갖는 가환환이고 $S=\langle x+1\rangle$는 환 R의 소아이디얼이다. 따라서 잉여환 $R/S=\mathbb{Z}[x]/\langle x+1\rangle$는 정역이다.

2. 다음에 주어진 환 R과 아이디얼 S에 대하여 잉여환 R/S가 체인지 판정하고 이를 증명하시오.

(1) $R=\mathbb{Z}$, $S=12\mathbb{Z}$ (2) $R=\mathbb{Z}$, $S=37\mathbb{Z}$

(3) $R = \mathbb{Z}_{12}$, $S = \{0,3,6,9\}$ (4) $R = \mathbb{Z} \times \mathbb{R}$, $S = 10\mathbb{Z} \times \mathbb{R}$

(5) $R = \mathbb{Z}[x]$, $S = \langle 2x^2 \rangle$

풀이 (1) R/S는 체가 아니다.

(증명) 환 $R = \mathbb{Z}$는 단위원 1을 갖는 가환환이고 $S = 12\mathbb{Z}$는 환 R의 극대아이디얼이 아니다. 따라서 잉여환 $R/S = \mathbb{Z}/12\mathbb{Z}$는 체가 아니다.

(2) R/S는 체이다.

(증명) 환 $R = \mathbb{Z}$는 단위원 1을 갖는 가환환이고 $S = 37\mathbb{Z}$는 환 R의 극대아이디얼이다. 따라서 잉여환 $R/S = \mathbb{Z}/37\mathbb{Z}$는 체이다.

(3) R/S는 체이다.

(증명) 환 $R = \mathbb{Z}_{12}$는 단위원 1을 갖는 가환환이고 $S = \{0,3,6,9\}$는 환 R의 극대아이디얼이다. 따라서 잉여환 $R/S = \mathbb{Z}_{12}/\{0,3,6,9\}$는 체이다.

(4) R/S는 체가 아니다.

(증명) 환 $R = \mathbb{Z} \times \mathbb{R}$은 단위원 $(1,1)$을 갖는 가환환이고 $S = 10\mathbb{Z} \times \mathbb{R}$는 환 R의 극대아이디얼이 아니다. 따라서 잉여환 $R/S = (\mathbb{Z} \times \mathbb{R})/(10\mathbb{Z} \times \mathbb{R})$는 체이다.

(5) R/S는 체가 아니다.

(증명) 환 $R = \mathbb{Z}[x]$는 단위원 1을 갖는 가환환이고 $S = \langle 2x^2 \rangle$는 환 R의 극대아이디얼이 아니다. 따라서 잉여환 $R/S = \mathbb{Z}[x]/\langle 2x^2 \rangle$는 체가 아니다.

3. 소수 p에 대하여 잉여환 $\mathbb{Z}/p\mathbb{Z}$는 정역인지 판정하고 이를 증명하시오.

풀이 $\mathbb{Z}/p\mathbb{Z}$는 정역이다.

(증명) 환 $\mathbb{Z}$는 단위원 1을 갖는 가환환이고 $\mathbb{Z}$의 아이디얼 $p\mathbb{Z}$는 $\mathbb{Z}$의 소아이디얼이므로 잉여환 $\mathbb{Z}/p\mathbb{Z}$는 정역이다.

4. 소수 p에 대하여 잉여환 $\mathbb{Z}/p\mathbb{Z}$는 체인지 판정하고 이를 증명하시오.

풀이 $\mathbb{Z}/p\mathbb{Z}$는 체이다.

(증명) 환 $\mathbb{Z}$는 단위원 1을 갖는 가환환이고 $\mathbb{Z}$의 아이디얼 $p\mathbb{Z}$는 $\mathbb{Z}$의 극대아이디얼이므로 잉여환 $\mathbb{Z}/p\mathbb{Z}$는 체이다.

제5장 환준동형사상

1. 다음에 주어진 함수가 환준동형사상인지 판정하고 이를 증명하시오.

(1) $f: \mathbb{Z} \to 11\mathbb{Z}$, $f(n) = 11n$, $n \in \mathbb{Z}$

(2) $f: \mathbb{Z} \to \mathbb{Z}_7$, $f(n) = r$, $n = 7q + r$ $(0 \le r < 7)$

(3) $f: \mathbb{Z}[x] \to \mathbb{Z}$, $f(g(x)) = g(1)$, $g(x) \in \mathbb{Z}[x]$

(4) $f: \mathbb{Z}[x] \to \mathbb{Z}[x]$, $f(g(x)) = g(x) - 5$, $g(x) \in \mathbb{Z}[x]$

(5) $f: \mathbb{Z}_3[x] \to \mathbb{Z}_3[x]$, $f(g(x)) = g(x)^3$, $g(x) \in \mathbb{Z}_3[x]$

(6) $f: \mathbb{Z}_5 \to \mathbb{Z}_{25}$, $f(a) = 5a$, $a \in \mathbb{Z}_5$

(7) $f: \mathbb{Z} \times \mathbb{Q} \to \mathbb{Z}$, $f(a,b) = a$, $(a,b) \in \mathbb{Z} \times \mathbb{Q}$

풀이 (1) 환준동형사상이 아니다.

(증명) 임의의 원소 $n, m \in \mathbb{Z}$에 대하여

$$f(nm) = 11(nm) \neq (11n)(11m) = f(n)f(m)$$

이므로 f는 환준동형사상이 아니다.

(2) 환준동형사상이다.

(증명) 임의의 원소 $n, m \in \mathbb{Z}$에 대하여

$$n = 7q_1 + r_1, \quad m = 7q_2 + r_2 \quad (0 \le r_i < 7, \ i = 1,2)$$

인 정수 q_1, q_2, r_1, r_2가 존재한다. 따라서

$$f(n+m) = r_1 + r_2 = f(n) + f(m)$$

$$f(nm) = r_1 r_2 = f(n)f(m)$$

이므로 f는 환준동형사상이다.

(3) 환준동형사상이다.

(증명) 임의의 원소 $g(x), h(x) \in \mathbb{Z}[x]$에 대하여

$$f(g(x) + h(x)) = g(1) + h(1) = f(g(x)) + f(h(x))$$

$$f(g(x)h(x)) = g(1)h(1) = f(g(x))f(h(x))$$

이므로 f는 환준동형사상이다.

(4) 임의의 원소 $g(x), h(x) \in \mathbb{Z}[x]$에 대하여

$$f(g(x) + h(x)) = \{g(x) + h(x)\} - 5 \neq g(x) - 5 + h(x) - 5$$

$$= f(g(x)) + f(h(x))$$

이므로 f는 환준동형사상이 아니다.

(5) 임의의 원소 $g(x), h(x) \in \mathbb{Z}_3[x]$에 대하여

$$f(g(x)+h(x)) = \{g(x)+h(x)\}^3 = g(x)^3 + h(x)^3 = f(g(x)) + f(h(x))$$

$$f(g(x)h(x)) = \{g(x)h(x)\}^3 = g(x)^3 h(x)^3 = f(g(x))f(h(x))$$

이므로 f는 환준동형사상이다.

(6) 두 원소 $1, 2 \in \mathbb{Z}_5$에 대하여

$$f(1 \times 2) = 5 \times 2 = 10 \neq (5 \times 1)(5 \times 2) = f(1)f(2)$$

이므로 f는 환준동형사상이 아니다.

(7) 임의의 원소 $(a,b), (c,d) \in \mathbb{Z} \times \mathbb{Q}$에 대하여

$$f((a,b)+(c,d)) = f(a+c, b+d) = a+c = f(a,b) + f(c,d)$$

$$f((a,b)(c,d)) = f(ac, bd) = ac = f(a,b)f(c,d)$$

이므로 f는 환준동형사상이다.

2. 다음에 주어진 함수가 환동형사상인지 판정하고 이를 증명하시오.

(1) $f : \mathbb{Z} \to \mathbb{Z}_{11}$, $\quad f(n) = r$, $\quad n = 11q + r \quad (0 \leq r < 11)$

(2) $f : \mathbb{Z}[x] \to \mathbb{Z}$, $\quad f(g(x)) = g(5)$, $\quad g(x) \in \mathbb{Z}[x]$

(3) $f : \mathbb{Z}_3[x] \to \mathbb{Z}_3[x]$, $\quad f(g(x)) = g(x)^3$, $\quad g(x) \in \mathbb{Z}_3[x]$

풀이 (1) 환동형사상이 아니다.

(증명) 두 원소 $1, 12 \in \mathbb{Z}$에 대하여

$$f(1) = 1 = f(12)$$

이다. 그런데 $1 \neq 12$이므로 f는 일대일사상이 아니다.

따라서 f는 환동형사상이 아니다.

(2) 환준동형사상이 아니다.

(증명) 두 원소 $g(x) = x$, $h(x) = x^2 - 20$에 대하여

$$f(g(x)) = g(5) = 5, \qquad f(h(x)) = h(5) = 5$$

이다. 그런데 $g(x) \neq h(x)$이므로 f는 일대일사상이 아니다.

따라서 f는 환동형사상이 아니다.

(3) 원소 $g(x)=x\in\mathbb{Z}_3[x]$를 택하면

$$f(h(x))=h(x)^3=x$$

를 만족시키는 원소 $h(x)\in\mathbb{Z}_3[x]$가 존재하지 않는다.

따라서 f는 일대일대응이 아니므로 f는 환동형사상이 아니다.

3. 다음에 주어진 환준동형사상 f에 대하여 $\ker f$를 구하시오.

(1) $f:\mathbb{Z}\to\mathbb{Z}_{12},\quad f(n)=r,\quad n=12q+r\quad (0\le r<12)$

(2) $f:\mathbb{Z}[x]\to\mathbb{Z},\quad f(g(x))=g(7),\quad g(x)\in\mathbb{Z}[x]$

(3) $f:\mathbb{Z}\times\mathbb{Q}\to\mathbb{Z},\quad f(a,b)=a,\quad (a,b)\in\mathbb{Z}\times\mathbb{Q}$

풀이 (1) $\ker f=\{n\in\mathbb{Z}\mid f(n)=0\}=12\mathbb{Z}$

(2) $\ker f=\{g(x)\in\mathbb{Z}[x]\mid f(g(x))=0\}=\{g(x)\in\mathbb{Z}[x]\mid g(7)=0\}$
$=\{(x-7)h(x)\in\mathbb{Z}[x]\mid h(x)\in\mathbb{Z}[x]\}=\langle x-7\rangle$

(3) $\ker f=\{(a,b)\in\mathbb{Z}\times\mathbb{Q}\mid f(a,b)=0\}=\{(a,b)\in\mathbb{Z}\times\mathbb{Q}\mid a=0\}$
$=\{(0,b)\mid b\in\mathbb{Q}\}$

4. 다음에 주어진 환준동형사상이 일대일사상인지 판정하고 $\ker f$를 이용하여 이를 증명하시오.

(1) $f:\mathbb{Z}\to\mathbb{Z}_7,\quad f(n)=r,\quad n=7q+r\quad (0\le r<7)$

(2) $f:\mathbb{Z}[x]\to\mathbb{Z},\quad f(g(x))=g(1),\quad g(x)\in\mathbb{Z}[x]$

(3) $f:\mathbb{Z}_3[x]\to\mathbb{Z}_3[x],\quad f(g(x))=g(x)^3,\quad g(x)\in\mathbb{Z}_3[x]$

(4) $f:\mathbb{Z}\times\mathbb{Q}\to\mathbb{Z}\times\mathbb{Q},\quad f(a,b)=(a,0),\quad (a,b)\in\mathbb{Z}\times\mathbb{Q}$

풀이 (1) 일대일사상이 아니다.

(증명) $\ker f=\{n\in\mathbb{Z}\mid f(n)=0\}=7\mathbb{Z}\neq\{0\}$이므로 f는 일대일사상이 아니다.

(2) 일대일사상이 아니다.

(증명) $\ker f=\{g(x)\in\mathbb{Z}[x]\mid f(g(x))=0\}=\{g(x)\in\mathbb{Z}[x]\mid g(1)=0\}$
$=\{(x-1)h(x)\in\mathbb{Z}[x]\mid h(x)\in\mathbb{Z}[x]\}\neq\{0\}$

이므로 f는 일대일사상이 아니다.

(3) 일대일사상이다.

(증명) $\ker f = \{g(x) \in \mathbb{Z}_3[x] \mid f(g(x)) = 0\} = \{g(x) \in \mathbb{Z}_3[x] \mid g(x)^3 = 0\}$

$= \{0\}$

이므로 f는 일대일사상이다.

(4) 일대일사상이 아니다.

(증명) $\ker f = \{(a,b) \in \mathbb{Z} \times \mathbb{Q} \mid f(a,b) = (0,0)\}$

$= \{(a,b) \in \mathbb{Z} \times \mathbb{Q} \mid (a,0) = (0,0)\}$

$= \{(0,b) \mid b \in \mathbb{Q}\} \neq \{(0,0)\}$

이므로 f는 일대일사상이 아니다.

5. 다음에 주어진 동형관계를 증명하시오.

(1) $\mathbb{Z}/\{0\} \cong \mathbb{Z}$　　(2) $\mathbb{Z}/12\mathbb{Z} \cong \mathbb{Z}_{12}$

(3) $\mathbb{Z}[x]/\langle x-7 \rangle \cong \mathbb{Z}$　　(4) $(\mathbb{Z} \times \mathbb{Q})/(\{0\} \times \mathbb{Q}) \cong \mathbb{Z}$

풀이 (1) 함수 $f : \mathbb{Z} \to \mathbb{Z}$를

$$f(n) = n, \qquad n \in \mathbb{Z}$$

으로 정의하면 f는 환준동형사상이고

$$\ker f = \{0\}, \qquad f(\mathbb{Z}) = \mathbb{Z}$$

이므로 $\mathbb{Z}/\{0\} \cong \mathbb{Z}$이다.

(2) 함수 $f : \mathbb{Z} \to \mathbb{Z}_{12}$를

$$f(n) = r, \qquad n = 12q + r \qquad (0 \le r < 12)$$

으로 정의하면 f는 환준동형사상이고

$$\ker f = 12\mathbb{Z}, \qquad f(\mathbb{Z}) = \mathbb{Z}_{12}$$

이므로 $\mathbb{Z}/12\mathbb{Z} \cong \mathbb{Z}_{12}$이다.

(3) 함수 $f : \mathbb{Z}[x] \to \mathbb{Z}$를

$$f(g(x)) = g(7), \qquad g(x) \in \mathbb{Z}[x]$$

으로 정의하면 f는 환준동형사상이고

$$\ker f = \langle x-7 \rangle, \qquad f(\mathbb{Z}[x]) = \mathbb{Z}$$

이므로 $\mathbb{Z}[x]/\langle x-7 \rangle \cong \mathbb{Z}$이다.

(4) 함수 $f : \mathbb{Z} \times \mathbb{Q} \to \mathbb{Z}$를

$$f(a,b) = a, \qquad (a,b) \in \mathbb{Z} \times \mathbb{Q}$$

으로 정의하면 f는 환준동형사상이고

$$\ker f = \{0\} \times \mathbb{Q}, \qquad f(\mathbb{Z} \times \mathbb{Q}) = \mathbb{Z}$$

이므로 $(\mathbb{Z} \times \mathbb{Q})/(\{0\} \times \mathbb{Q}) \cong \mathbb{Z}$ 이다.

6. 다음에 주어진 환이 $\mathbb{Z}$와 동형인 부분환을 포함하는지 판정하고 이를 증명하시오.

(1) $\mathbb{Q}$ (2) $\mathbb{Z}_{12}$ (3) $\mathbb{Q}[x]$ (4) $\mathbb{Z} \times \mathbb{Q}$

풀이 (1) 환 $\mathbb{Q}$는 $\mathbb{Z}$와 동형인 부분환을 포함한다.

(증명) 환 $\mathbb{Q}$는 표수가 0이고 단위원 1을 갖는 환이므로 $\mathbb{Q}$은 $\mathbb{Z}$와 동형인 부분환을 포함한다.

(2) 환 $\mathbb{Z}_{12}$는 $\mathbb{Z}$와 동형인 부분환을 포함하지 않는다.

(증명) 환 $\mathbb{Z}_{12}$가 $\mathbb{Z}$와 동형인 부분환을 포함한다고 가정하자. 그런데 $\mathbb{Z}_{12}$에 속하는 원소는 12이고 $\mathbb{Z}$에 속하는 원소는 무한이므로 이는 모순이다. 즉, 환 $\mathbb{Z}_{12}$는 $\mathbb{Z}$와 동형인 부분환을 포함하지 않는다.

(3) 환 $\mathbb{Q}[x]$는 $\mathbb{Z}$와 동형인 부분환을 포함한다.

(증명) 환 $\mathbb{Q}[x]$는 표수가 0이고 단위원 1을 갖는 환이므로 $\mathbb{Q}[x]$은 $\mathbb{Z}$와 동형인 부분환을 포함한다.

(4) 환 $\mathbb{Z} \times \mathbb{Q}$는 $\mathbb{Z}$와 동형인 부분환을 포함한다.

(증명) 환 $\mathbb{Z} \times \mathbb{Q}$는 표수가 0이고 단위원 $(1_{\mathbb{Z}}, 1_{\mathbb{Q}})$를 갖는 환이므로 $\mathbb{Z} \times \mathbb{Q}$는 $\mathbb{Z}$와 동형인 부분환을 포함한다.

7. 다음에 주어진 환이 $\mathbb{Z}_{30}$와 동형인 부분환을 포함하는지 판정하고 이를 증명하시오.

(1) $\mathbb{Z}_{30}[x]$ (2) $\mathbb{Z}_{15} \times \mathbb{Z}_2$ (3) $\mathbb{Z}_5 \times \mathbb{Z}_2 \times \mathbb{Z}_3$

풀이 (1) 환 $\mathbb{Z}_{30}[x]$는 $\mathbb{Z}_{30}$와 동형인 부분환을 포함한다.

(증명) 환 $\mathbb{Z}_{30}[x]$는 단위원을 갖고 $char(\mathbb{Z}_{30}[x]) = 30$인 환이므로 $\mathbb{Z}_{30}[x]$는 $\mathbb{Z}_{30}$와 동형인 부분환을 포함한다.

(2) 환 $\mathbb{Z}_{15} \times \mathbb{Z}_2$는 $\mathbb{Z}_{30}$와 동형인 부분환을 포함한다.

(증명) 환 $\mathbb{Z}_{15}\times\mathbb{Z}_2$는 단위원을 갖고 $char(\mathbb{Z}_{15}\times\mathbb{Z}_2)=30$인 환이므로 $\mathbb{Z}_{15}\times\mathbb{Z}_2$는 $\mathbb{Z}_{30}$와 동형인 부분환을 포함한다.

(3) 환 $\mathbb{Z}_5\times\mathbb{Z}_2\times\mathbb{Z}_3$는 $\mathbb{Z}_{30}$와 동형인 부분환을 포함한다.

(증명) 환 $\mathbb{Z}_5\times\mathbb{Z}_2\times\mathbb{Z}_3$는 단위원을 갖고 $char(\mathbb{Z}_5\times\mathbb{Z}_2\times\mathbb{Z}_3)=30$인 환이므로 $\mathbb{Z}_5\times\mathbb{Z}_2\times\mathbb{Z}_3$는 $\mathbb{Z}_{30}$와 동형인 부분환을 포함한다.

8. 다음에 주어진 동형관계를 증명하시오.

(1) $2\mathbb{Z}/6\mathbb{Z}\cong\mathbb{Z}/3\mathbb{Z}$

(2) $2\mathbb{Z}/6\mathbb{Z}\cong(2\mathbb{Z}+3\mathbb{Z}[x])/3\mathbb{Z}[x]$

(3) $(\mathbb{Z}/35\mathbb{Z})/(7\mathbb{Z}/35\mathbb{Z})\cong\mathbb{Z}/7\mathbb{Z}$

(4) $(\mathbb{Z}[x]/14\mathbb{Z}[x])/(2\mathbb{Z}[x]/14\mathbb{Z}[x])\cong\mathbb{Z}[x]/2\mathbb{Z}[x]$

풀이 (1) 환 $\mathbb{Z}$의 부분환 $2\mathbb{Z}$와 $\mathbb{Z}$의 아이디얼 $3\mathbb{Z}$에 대하여

$$2\mathbb{Z}/(2\mathbb{Z}\cap3\mathbb{Z})\cong(2\mathbb{Z}+3\mathbb{Z})/3\mathbb{Z}$$

이다. 그런데

$$2\mathbb{Z}\cap3\mathbb{Z}=6\mathbb{Z},\qquad 2\mathbb{Z}+3\mathbb{Z}=\mathbb{Z}$$

이므로 동형관계 $2\mathbb{Z}/6\mathbb{Z}\cong\mathbb{Z}/3\mathbb{Z}$가 성립한다.

(2) 환 $\mathbb{Z}[x]$의 부분환 $2\mathbb{Z}$와 $\mathbb{Z}[x]$의 아이디얼 $3\mathbb{Z}[x]$에 대하여

$$2\mathbb{Z}/(2\mathbb{Z}\cap3\mathbb{Z}[x])\cong(2\mathbb{Z}+3\mathbb{Z}[x])/3\mathbb{Z}[x]$$

이다. 그런데

$$2\mathbb{Z}\cap3\mathbb{Z}[x]=6\mathbb{Z}$$

이므로 동형관계 $2\mathbb{Z}/6\mathbb{Z}\cong(2\mathbb{Z}+3\mathbb{Z}[x])/3\mathbb{Z}[x]$가 성립한다.

(3) 환 $\mathbb{Z}$의 아이디얼 $7\mathbb{Z}$와 $35\mathbb{Z}$에 대하여 $35\mathbb{Z}\subset7\mathbb{Z}$이므로 동형관계 $(\mathbb{Z}/35\mathbb{Z})/(7\mathbb{Z}/35\mathbb{Z})\cong\mathbb{Z}/7\mathbb{Z}$가 성립한다.

(4) 환 $\mathbb{Z}[x]$의 아이디얼 $2\mathbb{Z}[x]$와 $10\mathbb{Z}[x]$에 대하여 $10\mathbb{Z}[x]\subset2\mathbb{Z}[x]$이므로 동형관계 $(\mathbb{Z}[x]/10\mathbb{Z}[x])/(2\mathbb{Z}[x]/10\mathbb{Z}[x])\cong\mathbb{Z}[x]/2\mathbb{Z}[x]$가 성립한다.

제6장 다항식환

1. 다음에 주어진 다항식환의 표수를 구하시오.

(1) $\mathbb{Q}[x]$　　　(2) $\mathbb{C}[x]$　　　(3) $\mathbb{Z}_{11}[x]$

풀이 (1) 가환환 $\mathbb{Q}$ 에 대하여 $char(\mathbb{Q}) = 0$이므로 $char(\mathbb{Q}[x]) = 0$이다.

(2) 가환환 $\mathbb{C}$ 에 대하여 $char(\mathbb{C}) = 0$이므로 $char(\mathbb{C}[x]) = 0$이다.

(3) 가환환 $\mathbb{Z}_{11}$에 대하여 $char(\mathbb{Z}_{11}) = 11$이므로 $char(\mathbb{Z}_{11}[x]) = 11$이다.

2. 정역 $\mathbb{R}$ 에 대하여 $f(x) = 5x^2 + 125 \in \mathbb{R}[x]$가 $\mathbb{R}$ 위에서 기약다항식이 되는지 판정하고 이를 증명하시오.

풀이 $f(x)$는 $\mathbb{R}$ 위에서 기약다항식이다.

(증명) 만일 $f(x)$가 $\mathbb{R}$ 위에서 가약다항식이라면 $f(x) = g(x)h(x)$인 단원이 아닌 다항식 $g(x), h(x) \in \mathbb{R}[x]$가 존재한다. 그런데 $\deg f(x) = 2$이므로

$$\deg g(x) = 1, \qquad \deg h(x) = 1$$

이다. 만일 적당한 원소 $a, b \in \mathbb{R}$ 에 대하여 $g(x) = ax + b$라면 $g(-a^{-1}b) = 0$이다.

즉, $f(-a^{-1}b) = 0$이다.

그런데 $f(x) = 0$를 만족시키는 근은 $\pm 5i$이고 $\pm 5i \notin \mathbb{R}$ 이므로 이는 모순이다. 따라서 $f(x)$는 $\mathbb{R}$ 위에서 기약다항식이다.

3. 다음에 주어진 다항식 $f(x)$의 근 a의 중복도를 구하시오.

(1) $f(x) = (x-21)^7(x^2+11) \in \mathbb{Q}[x]$,　　$a = 21$

(2) $f(x) = (x-4)^3(x^2+5) \in \mathbb{Z}_{11}[x]$,　　$a = 4$

풀이 (1) $g(x) = x^2 + 11$라고 놓으면 $f(21) = 0$이고 $g(21) \neq 0$이다. 따라서 원소 $a = 21$의 중복도는 7이다.

(2) $g(x)=x^2+5$라고 놓으면 $f(4)=0$이고 $g(4)\neq 0$이다. 따라서 원소 $a=4$의 중복도는 3이다.

4. 다음에 주어진 환이 주아이디얼정역인지 판정하고 이를 증명하시오.

(1) $\mathbb{Q}$ (2) $\mathbb{Q}[x]$ (3) $\mathbb{Z}_{11}[x]$

풀이 (1) 주아이디얼정역이다.

(증명) 집합 A가 정역 $\mathbb{Q}$의 아이디얼이라고 가정하면 $\mathbb{Q}$가 체이므로

$$A=\langle 0\rangle \quad \text{또는} \quad A=\langle 1\rangle=\mathbb{Q}$$

이다. 따라서 $\mathbb{Q}$는 주아이디얼정역이다.

(2) 주아이디얼정역이다.

(증명) 집합 A가 정역 $\mathbb{Q}[x]$의 아이디얼이라고 가정하면 $\mathbb{Q}$가 체이므로 $A=\langle 0\rangle$ 또는 A에 속한 최소 차수 다항식 $f(x)$에 대하여 $A=\langle f(x)\rangle$이다.
따라서 $\mathbb{Q}[x]$는 주아이디얼정역이다.

(3) 주아이디얼정역이다.

(증명) 집합 A가 정역 $\mathbb{Z}_{11}[x]$의 아이디얼이라고 가정하면 $\mathbb{Z}_{11}$가 체이므로 $A=\langle 0\rangle$ 또는 A에 속한 최소 차수 다항식 $f(x)$에 대하여 $A=\langle f(x)\rangle$이다.
따라서 $\mathbb{Z}_{11}[x]$는 주아이디얼정역이다.

5. 다음에 주어진 다항식이 $\mathbb{Q}$ 위에서 기약다항식인지 가약다항식인지 판정하고 이를 증명하시오.

(1) $f(x)=x^2+7$ (2) $f(x)=x^3+10x^2+25x+5$

(3) $f(x)=x^4-3x^2-10$

풀이 (1) 기약다항식이다.

(증명) 소수 $p=7$에 대하여

$$p \mid 7,\ p \mid 0,\ p \nmid 1,\ p^2 \nmid 7$$

을 만족시킨다. 따라서 $f(x)$는 Eisenstein's Criterion을 만족시키므로 $\mathbb{Q}$ 위에서 기약다항식이다.

(2) 기약다항식이다.

(증명) 소수 $p=5$에 대하여

$$p \mid 5,\ p \mid 25,\ p \mid 10,\ p \nmid 1,\ p^2 \nmid 5$$

를 만족시킨다. 따라서 $f(x)$는 Eisenstein's Criterion을 만족시키므로 $\mathbb{Q}$ 위에서 기약다항식이다.

(3) 가약다항식이다.

(증명) $f(x)=x^4-3x^2-10=(x^2+2)(x^2-5)$이고 x^2+2와 x^2-5는 모두 단원이 아니므로 $f(x)$는 $\mathbb{Q}$ 위에서 가약다항식이다.

6. 다음에 주어진 아이디얼이 주어진 환 R의 극대아이디얼이 되는지 판정하고 이를 증명하시오.

(1) $\langle x^3+3x+6\rangle$, $R=\mathbb{Q}[x]$ (2) $\langle x^2+x+1\rangle$, $R=\mathbb{Q}[x]$

(3) $\langle x^2+x+1\rangle$, $R=\mathbb{Z}_5[x]$ (4) $\langle x^2+2x+1\rangle$, $R=\mathbb{Z}_5[x]$

풀이 (1) $\langle x^3+3x+6\rangle$는 $R=\mathbb{Q}[x]$의 극대아이디얼이다.

(증명) 소수 $p=3$을 택하면 다항식 $f(x)=x^3+3x+6\in\mathbb{Q}[x]$는 Eisenstein's Criterion을 만족시킨다. 따라서 $f(x)$는 $\mathbb{Q}$ 위에서 기약다항식이므로 $\langle x^3+3x+6\rangle$는 R의 극대아이디얼이다.

(2) $\langle x^2+x+1\rangle$은 $R=\mathbb{Q}[x]$의 극대아이디얼이다.

(증명) $f(x)=x^2+x+1\in\mathbb{Z}[x]$는 $\mathbb{Q}$ 위에서 기약다항식이므로 $\langle x^2+x+1\rangle$은 R의 극대아이디얼이다.

(3) $\langle x^2+x+1\rangle$은 $R=\mathbb{Z}_5[x]$의 극대아이디얼이다.

(증명) $f(x)=x^2+x+1\in\mathbb{Z}_5[x]$으로 놓으면

$$f(0)=1\neq 0,\quad f(1)=3\neq 0,\quad f(2)=2\neq 0,$$
$$f(3)=3\neq 0,\quad f(4)=1\neq 0,$$

이다. 따라서 $f(x)$는 $\mathbb{Z}_5$ 위에서 기약다항식이므로 $\langle x^2+x+1\rangle$은 R의 극대아이디얼이다.

(4) $\langle x^2+2x+1\rangle$은 $R=\mathbb{Z}_5[x]$의 극대아이디얼이 아니다.

(증명) $f(x)=x^2+2x+1=(x+1)(x+1)$이므로 $f(x)$는 $\mathbb{Z}_5$ 위에서 가약다항식

이다. 따라서 $\langle x^2+2x+1 \rangle$은 R의 극대아이디얼이 아니다.

7. 다음에 주어진 잉여환이 체가 되는지 판정하고 이를 증명하시오.

(1) $\mathbb{Q}[x]/\langle x^3+3x+6 \rangle$ (2) $\mathbb{Q}[x]/\langle x^2+x+1 \rangle$

(3) $\mathbb{Z}_5[x]/\langle x^2+x+1 \rangle$ (4) $\mathbb{Z}_5[x]/\langle x^2+2x+1 \rangle$

풀이 (1) $\mathbb{Q}[x]/\langle x^3+3x+6 \rangle$는 체이다.

(증명) 소수 $p=3$을 택하면 다항식 $f(x)=x^3+3x+6 \in \mathbb{Q}[x]$는 Eisenstein's Criterion을 만족시킨다. 따라서 $f(x)$는 $\mathbb{Q}$ 위에서 기약다항식이므로 $\mathbb{Q}[x]/\langle x^3+3x+6 \rangle$는 체이다.

(2) $\mathbb{Q}[x]/\langle x^2+x+1 \rangle$은 체이다.

(증명) $f(x)=x^2+x+1 \in \mathbb{Z}[x]$는 $\mathbb{Q}$ 위에서 기약다항식이므로 $\mathbb{Q}[x]/\langle x^2+x+1 \rangle$은 체이다.

(3) $\mathbb{Z}_5[x]/\langle x^2+x+1 \rangle$은 체이다.

(증명) $f(x)=x^2+x+1 \in \mathbb{Z}_5[x]$는 $\mathbb{Z}_5$ 위에서 기약다항식이므로 $\mathbb{Z}_5[x]/\langle x^2+x+1 \rangle$은 체이다.

(4) $\mathbb{Z}_5[x]/\langle x^2+2x+1 \rangle$은 체가 아니다.

(증명) $f(x)=x^2+2x+1=(x+1)(x+1)$이므로 $f(x)$는 $\mathbb{Z}_5$ 위에서 가약다항식이다. 따라서 $\mathbb{Z}_5[x]/\langle x^2+x+1 \rangle$은 체가 아니다.

8. 다항식환 $\mathbb{Z}_5[x]$와 기약다항식 $f(x)$를 이용하여 원소가 25인 체를 구하시오.

풀이 다항식 $f(x)$를 $f(x)=x^2+x+2 \in \mathbb{Z}_5[x]$으로 놓으면

$$f(0) \neq 0, \quad f(1) \neq 0, \quad f(2) \neq 0, \quad f(3) \neq 0, \quad f(4) \neq 0$$

이므로 $f(x)$는 체 $\mathbb{Z}_2$ 위에서 기약다항식이다.

그러므로 잉여환 $\mathbb{Z}_5[x]/\langle f(x) \rangle$은 체이다.

또한

$$\mathbb{Z}_5[x]/\langle f(x) \rangle = \{ax+b+\langle f(x) \rangle \mid a,b \in \mathbb{Z}_5\}$$

이므로 $\mathbb{Z}_5[x]/\langle f(x)\rangle$는 다음과 같은 25개의 원소로 이루어진 체이다.

$0+\langle f(x)\rangle$, $1+\langle f(x)\rangle$, $2+\langle f(x)\rangle$, $3+\langle f(x)\rangle$, $4+\langle f(x)\rangle$

$x+\langle f(x)\rangle$, $x+1+\langle f(x)\rangle$, $x+2+\langle f(x)\rangle$, $x+3+\langle f(x)\rangle$, $x+4+\langle f(x)\rangle$

$2x+\langle f(x)\rangle$, $2x+1+\langle f(x)\rangle$, $2x+2+\langle f(x)\rangle$, $2x+3+\langle f(x)\rangle$, $2x+4+\langle f(x)\rangle$

$3x+\langle f(x)\rangle$, $3x+1+\langle f(x)\rangle$, $3x+2+\langle f(x)\rangle$, $3x+3+\langle f(x)\rangle$, $3x+4+\langle f(x)\rangle$

$4x+\langle f(x)\rangle$, $4x+1+\langle f(x)\rangle$, $4x+2+\langle f(x)\rangle$, $4x+3+\langle f(x)\rangle$, $4x+4+\langle f(x)\rangle$

제7장 유일인수분해정역

1. 다음에 주어진 원소가 기약원인지 판정하고 이를 증명하시오.

(1) $11 \in \mathbb{Z}$ (2) $11 \in \mathbb{C}[x]$ (3) $x+11 \in \mathbb{C}[x]$

풀이 (1) 원소 $11 \in \mathbb{Z}$ 는 기약원이다.

(증명) (i) $11 \neq 0$이고 11은 단원이 아니다.

(ii) 원소 $b, c \in \mathbb{Z}$ 에 대하여 $11 = bc$ 라고 가정하면 $11 \mid b$ 또는 $11 \mid c$ 이다. 만일 $11 \mid b$이면 $b = 11m$인 정수 m가 존재하고 $11 = 11mc$이므로 $mc = 1$이다. 따라서 c는 단원이다.

마찬가지로 $11 \mid c$이면 $c = 11n$인 정수 n이 존재하고 $11 = 11nb$이므로 $nb = 1$이다. 따라서 b는 단원이다.

결과적으로 (i)과 (ii)에 의하여 원소 $11 \in \mathbb{Z}$ 는 기약원이다.

(2) 원소 $11 \in \mathbb{C}[x]$는 기약원이 아니다.

(증명) 원소 $11 \in \mathbb{C}[x]$는 단원이므로 기약원이 아니다.

(3) 원소 $x+11 \in \mathbb{C}[x]$는 기약원이다.

(증명) $f(x) = x + 11$으로 놓으면 다음이 성립한다.

(i) $f(x) \neq 0$이고 $f(x)$는 단원이 아니다.

(ii) 다항식 $g(x), h(x) \in \mathbb{C}[x]$에 대하여 $f(x) = g(x)h(x)$ 라고 가정하면

$$f(x) \mid g(x)h(x)$$

이다. 그런데 $f(x)$는 $\mathbb{C}$ 위에서 기약다항식이므로 $f(x) \mid g(x)$ 또는 $f(x) \mid h(x)$이다. 만일 $f(x) \mid g(x)$이면 $g(x) = f(x)k(x)$를 만족시키는 다항식 $k(x) \in \mathbb{C}[x]$가 존재하고

$$f(x) = f(x)k(x)h(x)$$

이다. 그런데 $\mathbb{C}[x]$는 정역이므로

$$k(x)h(x) = 1$$

이다. 따라서 $h(x) \in \mathbb{C}$ 이고 $h(x)$는 단원이다.

만일 $f(x) \mid h(x)$이면 $h(x) = f(x)q(x)$를 만족시키는 다항식 $q(x) \in \mathbb{C}[x]$가 존재하고

$$f(x) = g(x)f(x)q(x)$$

이다. 그런데 $\mathbb{C}[x]$는 정역이므로

$$g(x)q(x)=1$$

이다. 따라서 $g(x)\in\mathbb{C}$ 이고 $g(x)$는 단원이다.

그러므로 (i)과 (ii)에 의하여 원소 $f(x)=x+11\in\mathbb{C}[x]$은 기약원임을 알 수 있다.

2. 다음에 주어진 원소가 소원인지 판정하고 이를 증명하시오.

(1) $11\in\mathbb{Z}$ (2) $11\in\mathbb{C}[x]$ (3) $x+11\in\mathbb{C}[x]$

풀이 (1) 원소 $11\in\mathbb{Z}$ 는 소원이다.

(증명) (i) $11\neq 0$이고 11은 단원도 아니다.

(ii) 원소 $b,c\in\mathbb{Z}$ 에 대하여 $11\mid bc$ 라고 가정하면 11이 소수이므로 $11\mid b$ 또는 $11\mid c$ 이다.

그러므로 (i)과 (ii)에 의하여 원소 11은 소원이다.

(2) 원소 $11\in\mathbb{C}[x]$는 소원이 아니다.

(증명) 11은 단원이므로 소원이 아니다.

(3) 원소 $x+11\in\mathbb{C}[x]$는 소원이다.

(증명) (i) $x+11\neq 0$이고 $x+11$은 단원도 아니다.

(ii) 다항식 $g(x),h(x)\in\mathbb{C}[x]$에 대하여 $x+11\mid g(x)h(x)$이라면 $x+11$은 $\mathbb{C}$ 위에서 기약다항식이므로 $x+11\mid g(x)$ 또는 $x+11\mid h(x)$이다.

그러므로 (i)과 (ii)에 의하여 $f(x)=x+11$은 소원이다.

3. 다음에 주어진 환이 유일인수분해정역인지 판정하고 이를 증명하시오.

(1) $\mathbb{Q}$ (2) $\mathbb{C}$ (3) $\mathbb{Z}_7$ (4) $\mathbb{C}[x]$

풀이 (1) $\mathbb{Q}$ 는 유일인수분해정역이다.

(증명) $\mathbb{Q}$ 는 주아이디얼정역이므로 유일인수분해정역이다.

(2) $\mathbb{C}$ 는 유일인수분해정역이다.

(증명) $\mathbb{C}$ 는 주아이디얼정역이므로 유일인수분해정역이다.

(3) $\mathbb{Z}_7$은 유일인수분해정역이다.

(증명) $\mathbb{Z}_7$은 주아이디얼정역이므로 유일인수분해정역이다.

(4) $\mathbb{C}[x]$는 유일인수분해정역이다.

(증명) $\mathbb{C}[x]$는 주아이디얼정역이므로 유일인수분해정역이다.

4. 체 F에 대하여 $F[x]$가 유클리드정역인지 판정하고 이를 증명하시오.

풀이 $F[x]$는 유클리드정역이다.

(증명) 함수 $\phi : F[x]-\{0\} \to \mathbb{N} \cup \{0\}$을

$$\phi(f(x)) = \deg f(x), \qquad f(x) \in F[x]-\{0_F\}$$

으로 정의하면 ϕ는 다음 두 조건을 모두 만족시킨다.

(1) 모든 원소 $f(x), g(x) \in F[x]-\{0\}$에 대하여

$$\phi(f(x)) = \deg f(x) \le \deg f(x)g(x) = \phi(f(x)g(x))$$

(2) 모든 원소 $f(x), g(x) \in F[x]$, $g(x) \neq 0$에 대하여 원소 $q(x), r(x) \in F[x]$이 존재하여 $f(x) = g(x)q(x) + r(x)$이다. 여기서 $r(x) = 0$ 또는 $\phi(r(x)) < \phi(g(x))$이다.

따라서 (1)과 (2)에 의하여 $F[x]$는 유클리드정역이다.

참고 문헌

1. M. Artin, Algebra, Prentice-Hall, 1991.
2. W. Burnside, Theory of Groups of Finite Order, Dover, 1955.
3. J. Fraleigh, A First Course in Abstract Algebra, Pearson Education, 2003.
4. J.A. Gallian, Contemporary Abstract Algebra, 7nd edition, Brooks/Cole, 2010.
5. I.N. Herstein, Topics in Algebra, Wiley, 1975.
6. T.W. Hungerford, Abstract Algebra, Saunders college publishing, 1974.
7. T.W. Hungerford, Algebra, Springer-Verlag, 1974.
8. N. Jacobson, Basic Algebra, Princeton, 1980.
9. N. Jacobson, Lectures in Abstract Algebra, Princeton, 1964.
10. E.T. Kim, S.A. Park, 현대대수학, 8th edition, Kyungmoonsa, 2011.
11. S. Lang, Algebra, Addison-Wesley, 1965.
12. J.J. Rotman, A First Course in Abstract Algebra, 2nd edition, Prentice-Hall, 2000.

찾아보기

| ㄱ |

가약다항식(reducible polynomial over) ··· 149
기약다항식(irreducible polynomial over) 149
가환환(commutative ring) ··· 5
계수(coefficient) ··· 136
군(group) ··· 2
극대아이디얼(maximal ideal) ··· 68
근(root) ··· 143
기약원(irreducible element) ··· 168

| ㄴ |

내용(content) ··· 151

| ㄷ |

다항식(polynomial) ··· 136
다항식환(ring of polynomials) ··· 136
단원(unit) ··· 10
단위원(unity) ··· 7

| ㅁ |

멱등원(idempotent) ··· 35
멱영원(nilpotent element) ··· 34

| ㅂ |

부분환(subring) ··· 14
분수체(field of quotients) ··· 126

| ㅅ |

소아이디얼(prime ideal) ··· 64
소원(prime element) ··· 169

| ㅇ |

아벨군(abelian group) ··· 2
아이디얼(ideal) ··· 48, 62
역원(inverse) ··· 2, 3, 10
영인자(zero divisor) ··· 28
원시다항식(primitive polynomial) ··· 151
유일인수분해정역(unique factorization domain) ··· 174
유클리드정역(Euclidean domain) ··· 180
인수(factor) ··· 143
일계수다항식(monic polynomial) ··· 136
잉여환(quotient ring) ··· 79

| ㅈ |

정역(integral domain) ··· 30
주아이디얼(principal ideal) ··· 60
주아이디얼정역(principal ideal domain) ·· 147
중복도(multiplicity) ··· 143

| ㅊ |

차수(degree) ··· 136

| ㅍ |

표수(characteristic) ··· 38

| ㅎ |

항등원(identity) ··· 2, 3, 7
핵(kernel) ··· 108
환(ring) ··· 3
환동형사상(ring isomorphism) ··· 99
환준동형사상(ring homomorphism) ··· 90

환

지은이 송영권
펴낸이 조경희
펴낸곳 경문사
펴낸날 2022년 9월 1일 1판 1쇄
등 록 1979년 11월 9일 제1979-000023호
주 소 04057, 서울특별시 마포구 와우산로 174
전 화 (02)332-2004 팩스 (02)336-5193
이메일 kyungmoon@kyungmoon.com

값 17,000원

ISBN 979-11-6073-564-2